国家职业技能鉴定培训用书
中等职业教育改革发展示范学校规划教材

车工（中级）

主　编　孙焕利
副主编　王于忠　刘小燕
参　编　房增寿　孙希忠　包立群

机 械 工 业 出 版 社

本书针对车工（中级）职业资格考试所应具备的操作技能，采用项目式的组织方式，将车工相关的应知、应会知识融于实训课题中，内容精练、通俗易懂、通用性强。

本书共分14个课题，内容包括车床的操作，常用量具，刀具的几何角度与刃磨，车削轴类零件，车削套类零件，车削圆锥类零件，车削偏心工件，车削成形面，车削螺纹，车削蜗杆，车削梯形螺纹组合件，车削多头蜗杆，车削偏心组合件，车削偏心、锥度、梯形螺纹组合件。每个课题都配有拓展练习及参考答案。

本书可作为中职、技校机械及相关专业的技能培训教材，也可作为相关行业培训用书。

图书在版编目（CIP）数据

车工:中级／孙焕利主编. —北京:机械工业出版社,2012.5（2013.5重印）
国家职业技能鉴定培训用书　中等职业教育改革发展示范学校规划教材
ISBN 978-7-111-37824-2

Ⅰ.①车…　Ⅱ.①孙…　Ⅲ.①车削-中等专业学校-教材　Ⅳ.①TG51

中国版本图书馆CIP数据核字（2012）第052624号

机械工业出版社（北京市百万庄大街22号　邮政编码100037）
策划编辑：齐志刚　责任编辑：王佳玮
版式设计：霍永明　责任校对：樊钟英
封面设计：路恩中　责任印制：杨　曦
高教社（天津）印务有限公司印刷
2013年5月第1版第2次印刷
184mm×260mm·9印张·220千字
3001-6000册
标准书号：ISBN 978-7-111-37824-2
定价：22.00元
凡购本书，如有缺页、倒页、脱页，由本社发行部调换

电话服务
社服务中心：（010）88361066
销售一部：（010）68326294
销售二部：（010）88379649
读者购书热线：（010）88379203

网络服务
门户网：http://www.cmpbook.com
教材网：http://www.cmpedu.com

前　言

本书是基于车工工作岗位要求，根据教育部最新发布的《中等职业学校车工实训教学大纲》，结合车工（中级）国家职业资格标准编写的。本书旨在使读者据此掌握车工（中级）所需要的理论知识和工艺方法，能够从事中级工职业技能标准所规定的理论知识、车工操作，以及其他相关工作，以适应相关岗位群的需要。

本书采用“课题”的组织形式，若干个车工课题（任务）承载了课程标准所规定的全部内容，相关的理论知识和工艺方法都在一系列课题实施的过程中分别学习，充分体现“做中学、做中教”的职业教育教学特色。本书还充分兼顾了有关职业技能鉴定的理论知识和操作训练。

本书的主要特色有：

1）根据车工职业能力分析，站在职业者的立场，将知识与实训内容分解为若干课题，教学过程通过各个课题的实施来完成。

2）课题内容注意保证专业技能的递进性和完整性，根据知识目标和技能要求来设计。训练过程强调学生动手能力的培养。

3）每个课题按工序列出了详尽的操作步骤，并做了考核标准，可操作性强。

4）技能训练和理论练习题精选了以往的职业技能鉴定考试的题目。

5）本书采用大量图表，图文并茂。

6）教学内容同时注意培养学生的职业理念、质量意识、安全意识和合作、交流、协调能力。

使用本书的建议：

1）由具备较强动手能力的双师型教师任教。教学中宜采用练讲结合的教学方法，由学生按照操作步骤完成训练内容，达到规定的目标。需要的相关理论知识随讲随练。

2）提倡在技能教室上课，采用现场式、小班化的方式教学，理论与实践教学一体化。

学时分配建议

序　号	教学内容	学时数
课题一	车床的操作	6
课题二	常用量具	6
课题三	刀具的几何角度与刃磨	6
课题四	车削轴类零件	6
课题五	车削套类零件	6
课题六	车削圆锥类零件	6
课题七	车削偏心工件	6
课题八	车削成形面	6

（续）

序　　号	教学内容	学时数
课题九	车削螺纹	6
课题十	车削蜗杆	6
课题十一	车削梯形螺纹组合件	6
课题十二	车削多头蜗杆	6
课题十三	车削偏心组合件	5
课题十四	车削偏心、锥度、梯形螺纹组合件	10
合计		87

本书由山东省轻工工程学校孙焕利主编，山东省轻工工程学校王于忠、抚顺市技师学院刘小燕任副主编，参加编写的还有房增寿、孙希忠、包立群。

由于作者水平所限，书中不足之处在所难免，恳请读者批评指正。

编　者

目　录

课题一　车床的操作

【学习目标】

(1) 了解车床的工作范围，熟悉各部分名称和用途，学会车床的润滑与保养。

(2) 掌握工件的装夹、车刀的安装方法；掌握切削用量的选择、切削液的作用和选用。

(3) 掌握车床手柄的变位操作。

【相关知识】

1. 车床简介

车床（图 1-1）主要由主轴箱、交换齿轮箱、进给箱、溜板箱、刀架、尾座及冷却、照明等部分组成。

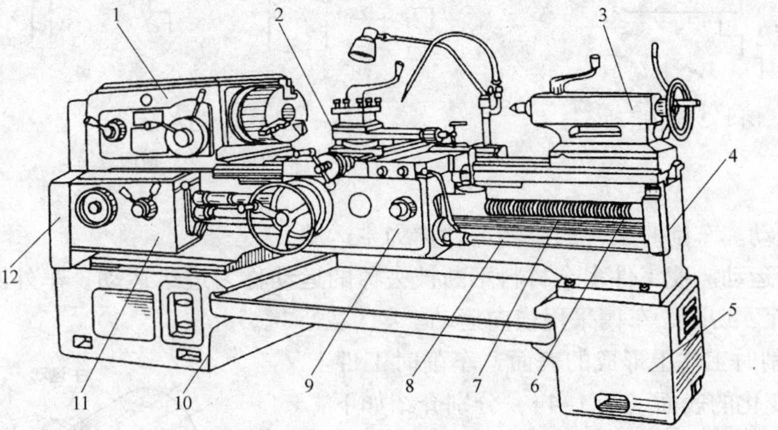

图 1-1　CA6140 型车床

1—主轴箱　2—刀架　3—尾座　4—床身　5—后床腿　6—丝杠　7—光杠
8—操纵杆　9—溜板箱　10—前床脚　11—进给箱　12—交换齿轮箱

(1) 主轴箱　主轴变速箱简称主轴箱，其主要作用是使主轴获得不同的转速。主轴用来安装卡盘，卡盘用来装夹工件。

(2) 交换齿轮箱　交换齿轮箱 12 的作用是把主轴的运动传递给进给箱。通过改变交换齿轮箱齿轮的齿数，配合进给箱内的变速机构，可车削出不同螺距的螺纹工件，同时可满足大小不同的纵、横进给量。

(3) 进给箱　进给箱 11 的作用是把交换齿轮箱传来的运动，经过变速后传递给光杠、丝杠，以满足车螺纹与机动进给的需要。

(4) 溜板箱　溜板箱 9 的作用是把光杠或丝杠传来的运动传递给床鞍及中滑板，以形成车刀纵向或横向进给运动。

(5) 床鞍和滑板　床鞍用于支承滑板与实施纵向进给。滑板分为中滑板和小滑板，中滑板用于横向进给，小滑板用于对刀、短距离的纵向进给、车圆锥等。

(6) 刀架　刀架用于装夹车刀。

（7）尾座　尾座装上顶尖可支顶工件，装上钻头可钻孔，装上丝锥、板牙可进行攻、套螺纹，装上铰刀可进行铰孔等。

（8）床身　床身的作用是支承安装车床的其他部件，也是床鞍、尾座的导向部分。

（9）冷却部分　冷却部分的作用是给切削区浇注充分的切削液，降低切削温度，提高工件的加工质量和刀具寿命。

2. 车削运动和车削用量

（1）车削运动　车床的车削运动主要指工件的旋转运动，即主运动（图1-2）和车刀的直线运动，即进给运动（图1-3）。进给运动分为纵向进给运动和横向进给运动。

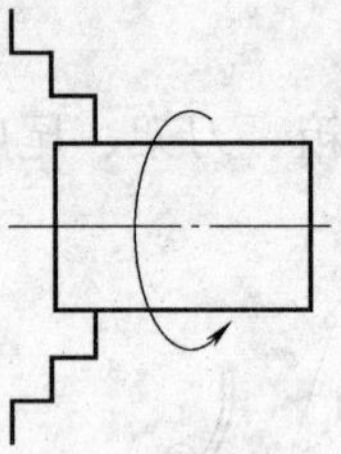

图1-2　主运动

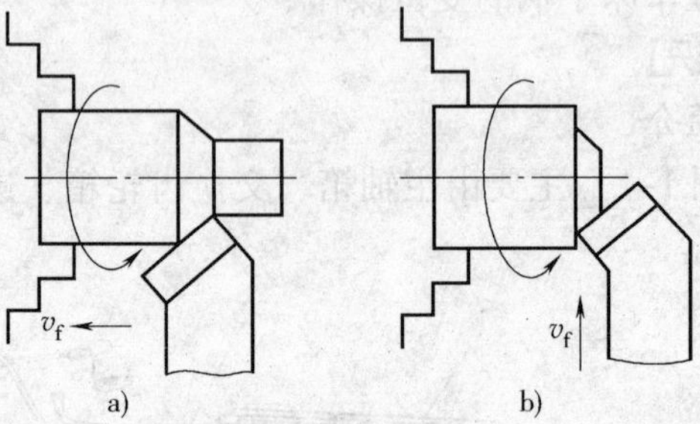

图1-3　进给运动
a）纵向进给　b）横向进给

1）主运动。车削时工件的旋转运动称为主运动。

2）进给运动。使工件多余材料不断被去掉的运动称为进给运动。车外圆采用纵向进给运动，车端面、切断、车槽采用横向运动。

（2）车削时工件上形成的表面　车削时工件上有三个不断变化的表面（图1-4），分别介绍如下：

1）待加工表面，指工件上将要被去掉多余材料的表面。

2）已加工表面，指已经去掉金属层而形成的新表面。

3）过渡表面，指刀具切削刃在工件上形成的表面，即连接待加工表面和已加工表面之间的表面。

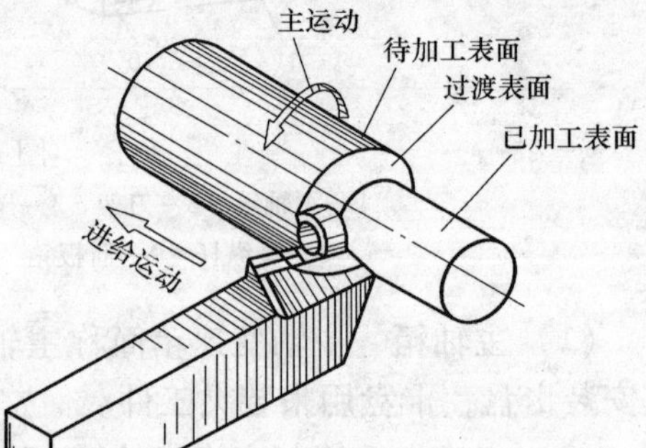

图1-4　车削运动和工件上的表面

（3）切削用量　切削用量（又称切削三要素）是衡量车削运动大小的参量。切削用量包括背吃刀量、进给量和切削速度。

1）背吃刀量 a_p（图1-5）是指车削时，工件上待加工表面与已加工表面间的垂直距离。切断、车槽时的背吃刀量等于车刀主切削刃的宽度；车外圆时的背吃刀量的计算公式为：

$$a_p=\frac{d_w-d_m}{2} \tag{1-1}$$

式中　a_p——背吃刀量（mm）；

d_w——工件待加工表面直径（mm）；

d_m——已加工表面直径（mm）；

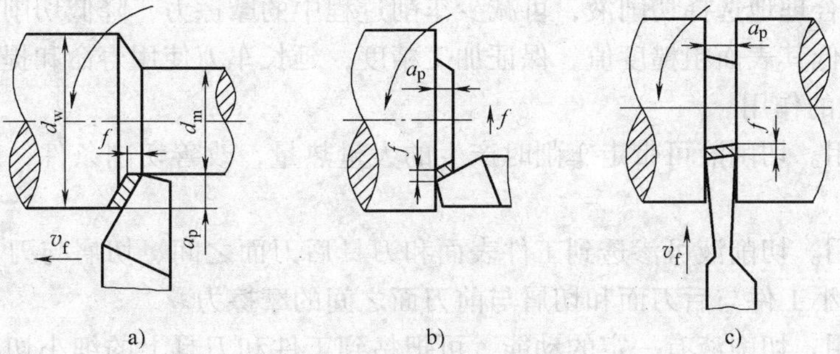

图 1-5　进给量和背吃刀量

a）车外圆　b）车端面　c）切断

2）进给量 f（图 1-5）。工件每转一圈，车刀沿进给方向移动的距离称为进给量，单位为 mm/r。

进给量分为纵向进给量和横向进给量。沿床身导轨方向移动的进给量是纵向进给量，和床身导轨方向垂直（中滑板进给）的进给量是横向进给量。

3）切削速度。主运动的线速度称为切削速度，单位为 m/min。车削时，切削速度的计算公式为：

$$v_c = \frac{n\pi d_w}{1000} \tag{1-2}$$

式中　v_c——切削速度（m/min）；

n——主轴转速（r/min）；

d_w——工件待加工表面直径（mm）。

车端面、切断时，切削速度是变化的，切削速度随车削直径的减少而减小。实际生产中，车床的转速是根据理论计算出的主轴转速，从车床转速表中选取最接近的一挡。

3. 车床润滑与保养

（1）车床的润滑　为保证车床的正常运转并减小摩擦，必须对车床上需要减小摩擦力的部分进行充分的润滑。车床不同部位应采用不同的润滑方式。

车床上常用的润滑方式有浇油润滑、油绳润滑、直通式压注油杯润滑、旋盖式油杯润滑、溅油润滑和油泵循环润滑等。

（2）车床的保养　车工不仅仅只是操作车床，还要爱护车床，保养车床。车床保养的好坏直接影响到加工质量的好坏和生产效率的高低。为保证车床精度、延长车床使用寿命，必须对车床进行合理的保养。保养方式如下：

1）每天工作后，应切断电源，对车床各表面、各罩壳、导轨面、丝杠、光杠、各操纵手柄和操纵杆进行擦拭，做到无油污、无铁屑、车床外表面清洁。

2）每周要求保养床身导轨面和中、小滑板导轨面，并对转动部分进行清洁、润滑。要求油眼畅通、油标清晰，清洗油绳和保护油毛毡，保持车床外表面清洁和工作场地整洁。

3）车床运行 500h 后，需要进行一级保养。一级保养应该以操作工人为主、维修工人配合进行。保养的主要内容是清洗、润滑和进行必要的调整。

4. 切削液

车削过程中合理地选择切削液，可减少车削过程中的摩擦力，降低切削温度，减少工件的热变形，并降低其表面粗糙度值，保证加工精度，延长车刀使用寿命和提高生产率。

（1）切削液的作用

1）冷却作用。切削液可带走车削时产生的大量热量，改善切削条件，起到冷却工件和刀具的作用。

2）润滑作用。切削液可渗透到工件表面和刀具后刀面之间、切屑与刀具前刀面之间的微小间隙中，减小工件与后刀面和切屑与前刀面之间的摩擦力。

3）清洗作用。切削液有一定的动能，可把粘到工件和刀具上的细小切屑冲掉，防止拉毛工件，起到清洗作用。

4）防锈作用。切削液中加入防锈剂，可保护工件、车床、刀具免受腐蚀，起到防锈作用。

（2）切削液的种类　常见的切削液有乳化液和切削油两种。

1）乳化液是由乳化油加注 15～20 倍的水稀释而成。乳化液的特点是比热容大、粘度小、流动性好，可吸收大部分切削热，主要起冷却作用。

2）切削油的特点是比热容少，粘度大、流动性差，主要起润滑作用。切削油的主要成分是矿物油，常用的有全损耗系统用油、煤油、柴油等。

（3）切削液的选择　切削液应根据工件的材料、刀具材料、加工性质和工艺要求进行合理选择。

1）粗加工时，切削深、进给快、产生热量多，所以应选以冷却为主的乳化液。

2）精加工主要是为了保证工件的精度、减少表面粗糙度和延长刀具使用寿命，应选择以润滑为主的切削液。

3）使用高速钢车刀应加注切削液，使用硬质合金车刀一般不加注切削液。

4）车削脆性材料（如铸铁）时，一般不加注切削液，若加则只能加注煤油。

5）车削镁合金时，为防止其燃烧起火，不加注切削液，若必须冷却，应用压缩空气进行冷却。

5. 安全文明生产

“高高兴兴上班去，平平安安回家来”这是广大职工、家属的共同心愿，因此在学习之初即应养成安全文明生产的好习惯。

（1）安全生产

1）工作时应穿工作服、戴套袖，女同志应戴工作帽，将长发塞入帽子里。夏季禁止穿裙子、短裤和凉鞋上机操作。

2）工作时，头不能离工件太近；为防止切屑飞入眼中，必须戴防护眼镜。

3）工作时，必须集中精力，注意手、身体和衣服不能靠近正在旋转的机件，如工件、带轮、传动带、齿轮等。

4）工件和车刀必须装夹牢固，以防飞出伤人。卡盘应装有保险装置。装夹好工件后，卡盘扳手必须随即从卡盘上取下。

5）凡装卸工件、更换刀具、测量加工表面及变换速度时，必须先停车。

6）车床运转时，禁止用手去触摸工件表面，尤其是加工螺纹时，严禁用手抚摸螺纹面，以免受伤。严禁用绵纱擦抹转动的工件。

7）应用专用铁钩清除切屑，绝不允许用手直接清除。

8）在车床上操作不允许戴手套；不允许用手去刹住转动着的卡盘。

9）不要随意拆装电气设备，以免发生触电事故。

10）工作中若发现机床、电气设备有故障，应及时申报，由专业人员检修，未修复不得使用。

（2）文明生产

1）开车前检查车床各部分机构及防护设备是否完好，各手柄是否灵活，位置是否正确。检查各注油孔，并进行润滑。然后使主轴空运转 1 ~ 2min，待车床运转正常后才能工作。若发现车床有故障，应立即停车并申报检修。

2）主轴变速必须先停车，变速进给箱手柄要在低速下进行。为保持丝杠的精度，除切削螺纹外，不得使用丝杠进行机动进给。

3）刀具、量具及工具等的放置要稳妥、整齐、合理，有固定的位置，便于操作时取用，用后应放回原处。主轴箱盖上不应放置任何物品。

4）工具箱内应分类摆放工具。高精度的工具应放置稳妥，重物放下层，轻物放上层，不可随意乱放，以免损坏和丢失。

5）正确使用和爱护量具。经常保持清洁，用后擦净、涂油、放入盒内，并及时归还工具室。所使用量具必须定期校验，以保证其测量准确。

6）不允许在卡盘及床身导轨上敲击或校直工件，床面上不准放置工具或工件。装夹、找正较重工件时，应用木板保护床面。下班时若工件不卸下，应用千斤顶支撑。

7）车刀磨损后，应及时刃磨。不允许用钝刃车刀继续车削，以免增加车床负荷，损坏车床、影响工件表面的加工质量和生产效率。

8）批量生产的零件，首检应送检验部门，在确认合格后，方可继续加工。精车工件要注意防锈处理。使用切削液前，应在床身导轨上涂抹润滑油。

9）毛坯、半成品和成品应分开放置。半成品和成品应堆放整齐，轻拿轻放，严防碰伤已加工表面。工作场地周围应保持清洁整齐。

10）图样、工艺卡应放置在便于阅读的位置，并注意保持其清洁和完整。工作完毕后，将所用过的物件擦净归位，清理机床，刷去切削、擦净机床各部位的油污；按规定加注润滑油，最后把机床周围打扫干净；将床鞍摇至床尾一端，各转动手柄放到空挡位置，关闭电源。

【技能训练】

在 CA6140A × 1000 型号车床上，进行如下操作训练：

1. 训练要求

1）时间：车床调整、操作共计 6h。

2）车床操作站位正确，操作熟练，切削用量调整正确。

3）教学组织要求：指定每人使用一台车床，按照操作步骤组织学习。

2. 训练内容

（1）主轴箱的变速操作训练

1）调整主轴转速至 18r/min、450r/min、1250r/min。

2）选择车削右旋螺纹和车削左旋加大螺距螺纹的手柄位置。

（2）进给操作训练

1）确定车削螺距 1mm、1.5mm、2.0mm 的米制螺纹，调整进给箱上的手轮与手柄位置。

2）确定选择纵向进给量为 0.46mm/r 和横向进给量为 0.81mm/r 时，调整手轮与手柄的位置。

（3）刻度盘及分度盘的操作训练

1）操作刀架纵向进给 250mm。

2）操作刀架横向进给 0.25mm。

（4）自动进给的操纵训练

1）做床鞍左、右两个方向快速纵向进给训练。

2）做中滑板前、后两个方向快速横向进给训练。

（5）开合螺母操作手柄的训练

1）不扳下开合螺母操作手柄，观察溜板箱的运动状态。

2）扳下开合螺母操作手柄后，再观察溜板箱是否按选定的螺距作纵向运动。体会开合螺母操作手柄压下与扳起时的手感。

3）先横向退刀，然后快速右向退刀，实现车完螺纹后的快速退刀。

【操作步骤】

根据要求，编写操作步骤

1. 主轴变速操作训练步骤

不同型号、不同厂家生产的车床，其主轴变速操作不尽相同，可参考相关的车床说明书。下面以 CA6140A 型车床的主轴变速操作方法为例进行说明。

CA6140A 型车床主轴变速是通过改变主轴箱正面右侧两个叠套手柄的位置来控制的，如图 1-6 所示。直手柄有六个挡位（其中有两个是空挡位），每个挡位有四级转速，若要选择其中某一转速，可通过前面的弯手柄来控制，只要将直手柄位置拨到其所显示的颜色与弯手柄所处挡位上的转速数字所标示的颜色相同的挡位即可。

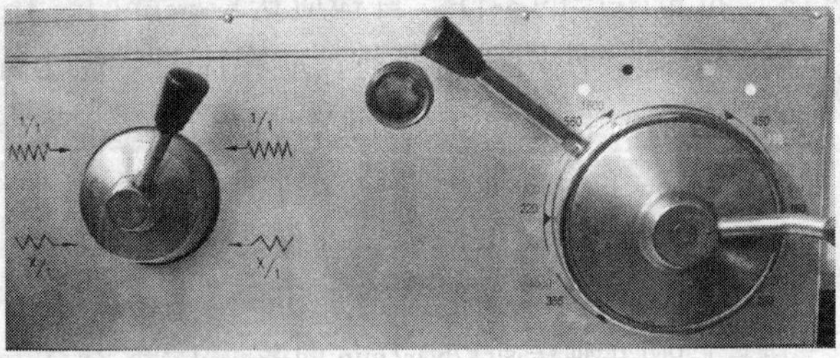

图 1-6 主轴箱变速挡位

主轴箱正面左侧的手柄是加大螺距及螺纹左、右旋向变换的操纵机构，它有四个挡位，左上挡位用于车削左旋标准螺距螺纹，右上挡位用于车削右旋标准螺距螺纹，左下挡位用于车削左旋加大螺距螺纹，右下挡位用于车削右旋加大螺距螺纹。以下举例说明主轴箱手柄的操作方法。

1）主轴转速调整至 18r/min 的调整方法：将主轴箱右侧直手柄旋转到天蓝色圆点的位置，弯手柄旋转到数字“18”的位置。此时，主轴转速即为 18r/min，手柄位置如图 1-7 所示。

2）主轴转速调整至450r/min的调整方法：将主轴箱右侧直手柄旋转到黑色圆点的位置，弯手柄旋转到数字“450”的位置，此时，主轴转速为450r/min。手柄位置如图1-8所示。

图1-7　主轴转速为18r/min时的手柄位置

图1-8　主轴转速为450r/min时的手柄位置

3）主轴转速调整至1250r/min的调整方法：将主轴箱右侧直手柄旋转到红色圆点的位置，弯手柄旋转到数字“1250”的位置，此时，主轴转速为1250r/min。手柄位置如图1-9所示。

4）右旋螺纹手柄位置的调整方法：手柄旋转到“1/1”箭头向左指向的位置，即为加工右旋螺纹的手柄位置，手柄位置如图1-10所示。

图1-9　主轴转速1250r/min的手柄位置

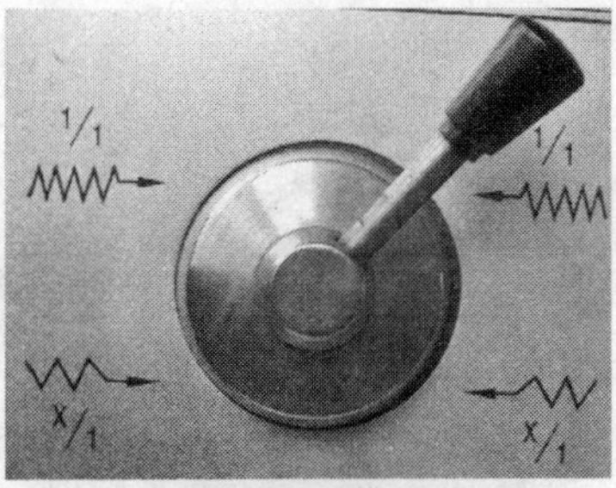

图1-10　右旋螺纹的手柄位置

5）左旋加大螺距螺纹手柄位置的调整方法：手柄旋转到“X/1”箭头向右的位置，即为加工左旋加大螺距螺纹的手柄位置，手柄位置如图1-11所示。

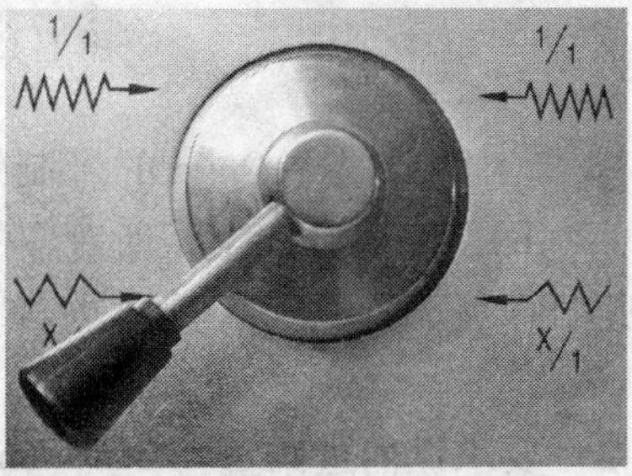

图1-11　左旋加大螺距螺纹的手柄位置

2. 进给箱操纵训练步骤

CA6140A型车床的进给箱正面左侧有一个手轮，右侧有一个叠套手柄。叠套直手柄有A、B、C、D四个挡位，圆手柄有Ⅰ、Ⅱ、Ⅲ、Ⅳ、Ⅴ五个挡位。

直手柄是丝杠、光杠的变换手柄；叠套手柄与左侧有 8 个挡位的手轮相配合，用以调整螺距及进给量。实际操作应根据加工要求，查找进给箱轴池上的螺纹和进给量调配表来确定手轮和手柄的具体位置，如图 1-12 所示。

1）车削螺距为 1mm、1.5mm、2.0mm 的米制螺纹，进给箱上的手轮与手柄位置调整方法。

① 车削螺距为 1mm 的米制螺纹时，首先按照进给箱轴池上的螺纹和进给量调配表（图 1-12b）中 1mm 螺距所对应的数据，将左侧手轮旋转到“3”的位置，右侧直手柄旋转到“B”位置、圆手柄红点处对准“Ⅰ”位置（图 1-12a），则所车螺纹螺距为米制 1mm。

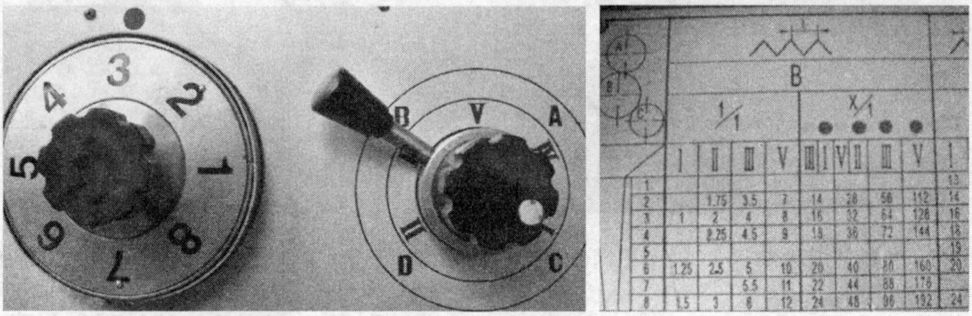

a) b)

图 1-12　进给箱操作手柄及其调配表 1

② 车削螺距为 1.5mm 的米制螺纹时，首先按照进给箱轴池上的螺纹和进给量调配表（图 1-13b）中 1.5mm 螺距所对应的数据，将左侧手轮旋转到“8”的位置，右侧直手柄旋转到“B”位置、圆手柄红点处对准“Ⅰ”位置（图 1-13a），则所车螺纹螺距为米制 1.5mm。

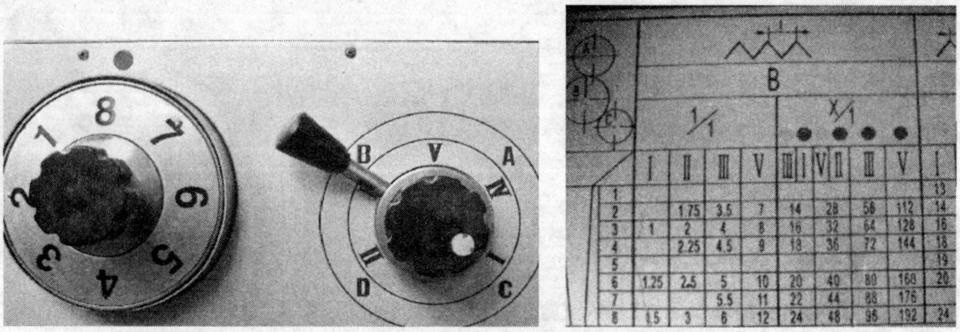

a) b)

图 1-13　进给箱操作手柄及其调配表 2

③ 车削螺距为 2.0mm 的米制螺纹时，首先按照进给箱轴池上的螺纹和进给量调配表（图 1-14b）中 2.0mm 螺距所对应的数据，将左侧手轮旋转到“3”的位置，右侧直手柄旋转到“B”位置、圆手柄红点处对准“Ⅱ”位置（图 1-14a），则所车螺纹螺距为米制 2.0mm。

2）要求纵向进给量为 0.46mm/r，横向进给量为 0.81mm/r 时，手轮与手柄的位置的调整方法。

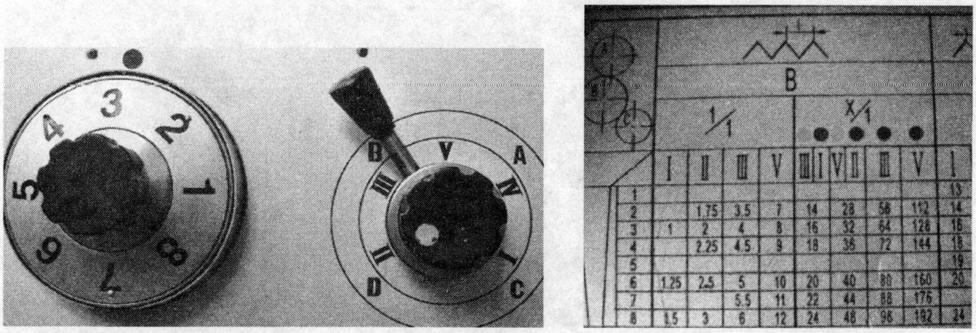

	Ⅰ	Ⅱ	Ⅲ	Ⅴ	Ⅲ Ⅰ	Ⅴ Ⅱ	Ⅲ	Ⅴ	Ⅰ
1									13
2		1.75	3.5	7	14	28	56	112	14
3	1	2	4	8	16	32	64	128	16
4		2.25	4.5	9	18	36	72	144	18
5									19
6	1.25	2.5	5	10	20	40	80	160	20
7			5.5	11	22	44	88	176	
8	1.5	3	6	12	24	48	96	192	24

a)　　　　b)

图 1-14　进给箱操作手柄及其调配表 3

① 纵向进给量为 0.46mm/r 时，首先按照进给箱轴池上的螺纹和进给量调配表（图 1-15）中 0.46mm 进给量所对应的数据，将左侧手轮旋转到“4”的位置，右侧直手轮旋转到“A”位置、圆手柄红点处对准“Ⅲ”位置（图 1-16），则此时的进给量为 0.46mm/r。

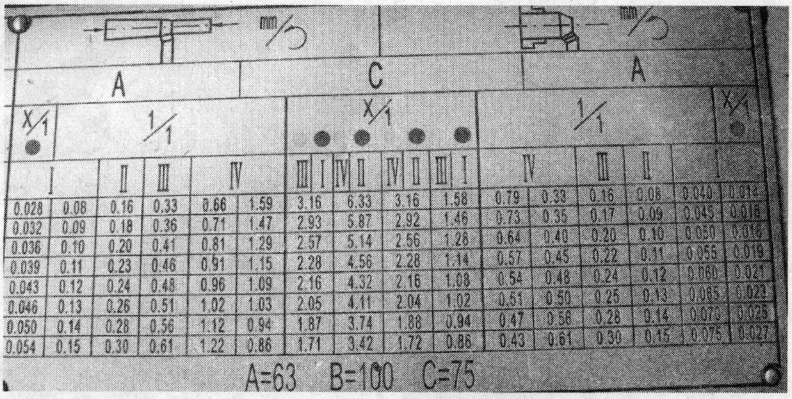

A						C				A					
X/1 ●	1/1					X/1 ● ● ● ●				1/1					X/1 ●
Ⅰ		Ⅱ	Ⅲ	Ⅳ		Ⅲ Ⅰ	Ⅳ Ⅱ	Ⅳ Ⅱ	Ⅲ Ⅰ	Ⅳ		Ⅲ	Ⅱ	Ⅰ	
0.028	0.08	0.16	0.33	0.66	1.59	3.16	6.33	3.16	1.58	0.79	0.33	0.16	0.08	0.040	0.014
0.032	0.09	0.18	0.36	0.71	1.47	2.93	5.87	2.92	1.46	0.73	0.35	0.17	0.09	0.045	0.016
0.036	0.10	0.20	0.41	0.81	1.29	2.57	5.14	2.56	1.28	0.64	0.40	0.20	0.10	0.050	0.018
0.039	0.11	0.23	0.46	0.91	1.15	2.28	4.56	2.28	1.14	0.57	0.45	0.22	0.11	0.055	0.019
0.043	0.12	0.24	0.48	0.96	1.09	2.16	4.32	2.16	1.08	0.54	0.48	0.24	0.12	0.060	0.021
0.046	0.13	0.26	0.51	1.02	1.03	2.05	4.11	2.04	1.02	0.51	0.50	0.25	0.13	0.065	0.023
0.050	0.14	0.28	0.56	1.12	0.94	1.87	3.74	1.88	0.94	0.47	0.56	0.28	0.14	0.070	0.025
0.054	0.15	0.30	0.61	1.22	0.86	1.71	3.42	1.72	0.86	0.43	0.61	0.30	0.15	0.075	0.027

A=63　B=100　C=75

图 1-15　螺纹及进给量调配表

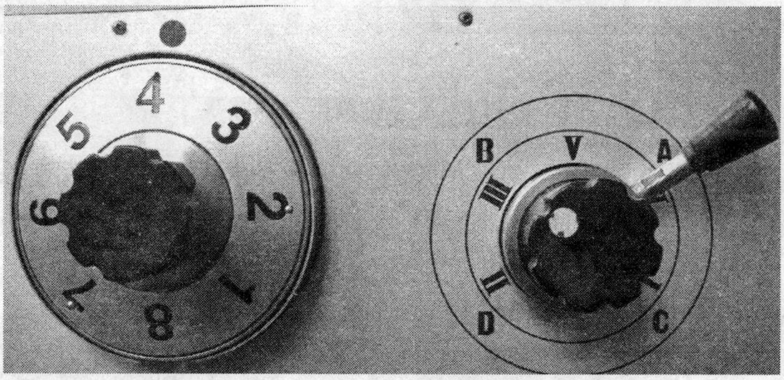

图 1-16　进给箱操作手柄 1

② 横向进给量为 0.81mm/r 时，首先按照进给箱轴池上的螺纹和进给量调配表（图 1-15）中 0.40mm 进给量所对应的数据，将左侧手轮旋转到“3”的位置，右侧直手柄旋转到“A”位置、圆手柄红点处对准“Ⅲ”位置（图 1-17），则此时的进给量为 0.81mm/r。

图 1-17　进给箱操作手柄 2

3. 刻度盘的操作训练步骤

溜板箱正面的大手轮轴上的刻度共 300 格，每转过 1 格，表示床鞍纵向移动 1mm。

中滑板丝杠上的刻度共 100 格，每转过 1 格，表示刀架横向移动 0.05mm，如图 1-18 所示。

图 1-18　大手轮刻度盘

小滑板丝杠上的刻度共 100 格，每转过 1 格，表示刀架纵向移动 0.05mm。

小滑板上的刻度盘在刀架需斜向进给加工短锥体时，可顺时针或逆时针在 90°范围内转过某一角度。使用时，先松开锁紧螺母，转动小滑板至所需要的角度后，再锁紧螺母以固定小滑板。

（1）操作刀架向左纵向进给 250mm　将大手轮刻度盘对准零位，如图 1-19a 所示，摇动手轮使床鞍纵向移动，使刻度盘上的数字“250”对准零线，如图 1-19b 所示。此时刀架完成纵向进给 250mm。

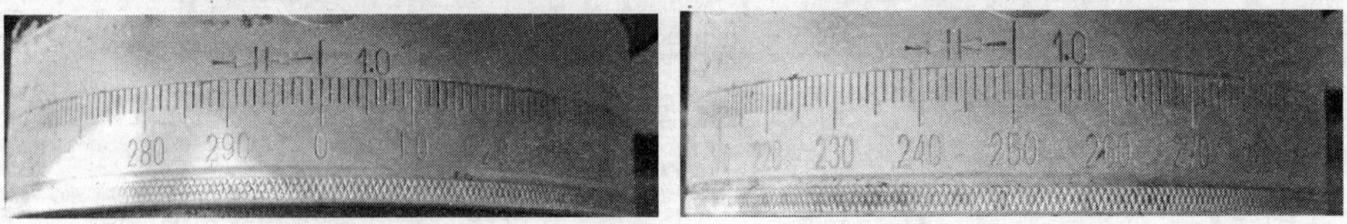

a)　　b)

图 1-19　大手轮刻度盘调整

（2）操作刀架横向进给 2.5mm　将中滑板刻度盘对准零位，如图 1-20a 所示，顺时针转动手轮使刀架横向移动，使刻度盘第 5 根刻线对准零线，如图 1-20b 所示。此时刀架完成横向进给 2.5mm。

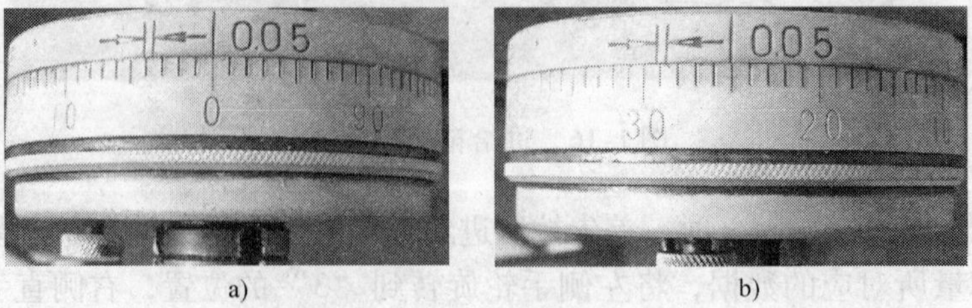

a)　　b)

图 1-20　中滑板刻度盘调整

4. 自动进给的操作训练

溜板箱右侧有一个带十字槽的扳动手柄，是刀架实现纵向、横向机动进给和快速移动的集中操纵机构。该手柄的顶部有一个快进按钮，是控制接通快速电动机的按钮，当将其按下时，快速电动机工作，放开时，快速电动机停止转动。刀架运动的方向与手柄扳动方向一致，操作方便。当手柄扳至纵向进给位置，且按下快进按钮时，床鞍将作快速纵向移动；当手柄扳至横向进给位置，且按下快进按钮时，中滑板带动小滑板和刀架作横向快速进给。

（1）做床鞍左、右两个方向的快速纵向进给训练　将手柄向床头方向扳动，用拇指按下快进按钮，如图 1-21a 所示，床鞍快速向左移动；将手柄向床尾方向扳动，按下快进按钮，如图 1-21b 所示，床鞍快速向右移动。

a)　b)

图 1-21　床鞍纵向快速进给

（2）做中滑板前、后两个方向的快速横向进给训练　将手柄向前方扳动，用大拇指按下快进按钮，如图 1-22a 所示，床鞍快速向前横向移动；将手柄向后方扳动，按下快进按钮，如图 1-22b 所示，床鞍快速向后横向移动。

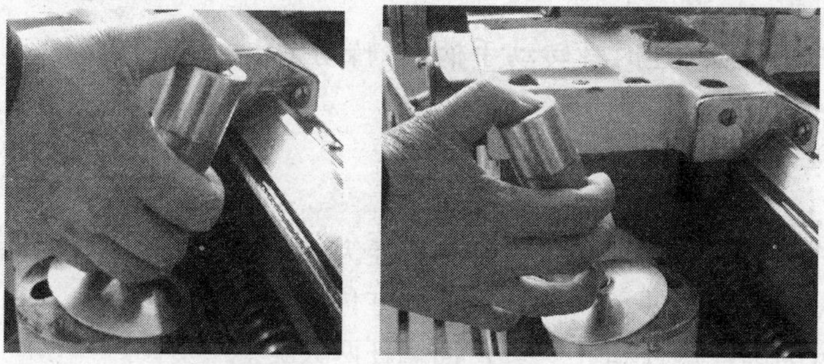

a)　b)

图 1-22　中滑板横向快速进给

5. 开合螺母操作手柄的训练

开合螺母操作手柄在溜板箱正面右侧，专门控制丝杠与溜板箱之间的连接。一般情况下，车削非螺纹表面时，丝杠与溜板箱之间无运动联系，开合螺母处于开启状态，该手柄位于上方，如图 1-23a 所示。当需要车削螺纹时，扳下开合螺母操作手柄，将丝杠运动通过开合螺母的闭合传递到溜板箱，并使溜板箱按一定的螺距（或导程）作纵向进给，如图 1-23b 所示。车完螺纹后，须将该手柄扳回原位。

（1）不扳下开合螺母操作手柄，观察溜板箱的运动状态　当不扳下开合螺母手柄时，丝杠旋转，但溜板箱不运动。

（2）扳下开合螺母操作手柄后，观察溜板箱是否按选定的螺距作纵向运动　在此过程中体会开合螺母操作手柄压下与扳起时的手感。

a)　　　　　　b)

图 1-23　开合螺母的调整

当扳下开合螺母操作手柄时，丝杠旋转，溜板箱按事先选定的螺距作纵向运动。

(3) 先横向退刀，然后快速右向运动　此过程可实现车完螺纹后的快速退刀。

左手操纵中滑板手轮快速逆时针旋转，使刀架横向退刀；右手将控制杆快速下压，主轴反转，溜板箱向右快速退出。

6. 尾座的操作训练

尾座可在床身内侧的山形导轨和平导轨上纵向移动，依靠尾座架上的两个锁紧螺母可使尾座固定在床身上的任一位置。

尾座架上有左右两个长把手柄。左边手柄为尾座套筒固定手柄，顺时针旋转此手柄，可使尾座套筒固定在某一位置。右边手柄为尾座快速紧固手柄，逆时针旋转此手柄可使尾座快速地固定于床身的某一位置。

松开尾座架左边手柄（逆时针转动手柄），转动尾座右端的手轮，可使尾座套筒做进、退移动。

【拓展练习】

1. 填空题

(1) CA6140A 车床的床身最大工件回转直径为（　　）mm。

(2) 开合螺母的功用是（　　）或断开丝杠传来的运动。

(3) 蜗杆可分为圆柱蜗杆和（　　）面蜗杆两大类。

(4) 砂轮是由磨料和（　　）粘结成的多孔物体。

(5) 砂纸由（　　）、结合剂和磨粒所组成。

2. 判断题

(1) 从切削用量方面考虑，对刀具寿命影响最大的是切削速度。（　　）

(2) 在加工中，用作定位的基准称为工艺基准。（　　）

(3) 尺寸链封闭环的基本尺寸，是其他各组成环基本尺寸的代数差。（　　）

(4) 切向抗力 F_y 是纵向进给方向的力，又称为轴向力。（　　）

(5) 车削时，热量大部分由切屑传导。（　　）

课题二　常 用 量 具

【学习目标】

（1） 了解常用量具的结构。

（2） 了解常用量具的刻线原理。

（3） 掌握常用量具的读数方法、测量方法和维护保养。

【相关知识】

1. 游标卡尺

（1） 游标卡尺　游标卡尺是利用游标读数原理制成的量具，主要由主尺、副尺、测深杆、上下量爪等几部分组成。根据用途不同分为普通游标卡尺、深度游标卡尺、高度游标卡尺、角度游标卡尺等。轴类工件的尺寸常用游标卡尺或千分尺测量。游标卡尺的结构如图 2-1 所示。

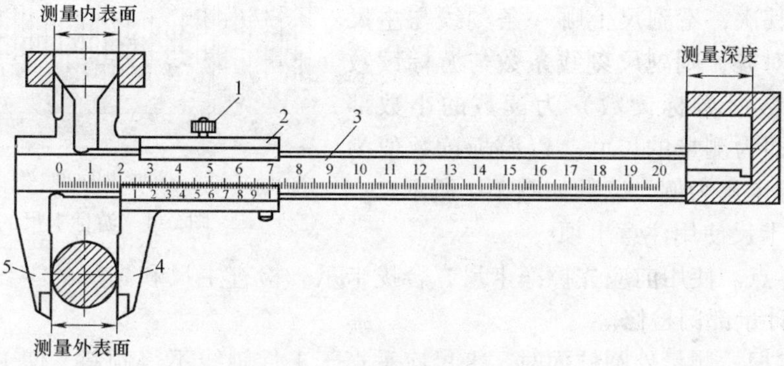

图 2-1　游标卡尺的结构

1—止动螺钉　2—副尺　3—主尺　4—活动卡爪　5—固动卡爪

除此之外还有两种读数较方便、读取精度较高的游标卡尺，如图 2-2、图 2-3 所示。

（2）游标卡尺的刻线原理与读数方法　游标卡尺是一种比较精密的量具，其结构简单、使用方便，可以直接测量出工件的内径、外径、长度和深度等。按测量精度分为 0.1mm（1/10） 游标卡尺、0.05mm（1/20） 游标卡尺和 0.02mm（1/50） 游标卡尺。

1） 0.1mm（1/10） 游标卡尺的刻线原理：主尺每小格为 1mm，副尺刻线总长为 9mm，并等分为 10 格，因此每格为 9mm/10 = 0.9mm。主尺和游标相对一格之差为 1mm − 0.9mm = 0.1mm，所以它的游标读数值（精度）为 0.1mm。

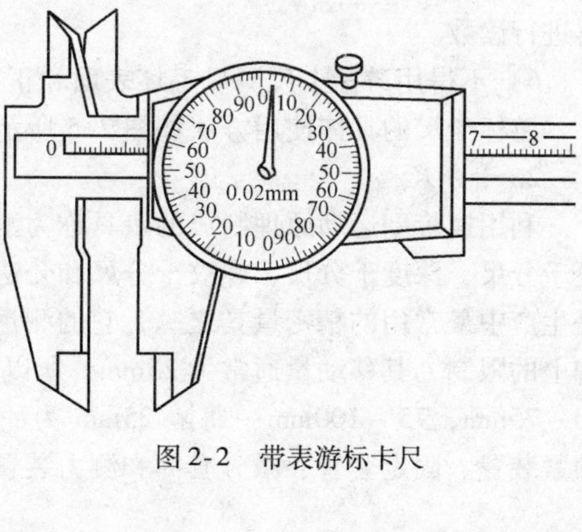

图 2-2　带表游标卡尺

2） 0.05mm（1/20） 游标卡尺的刻线原理：

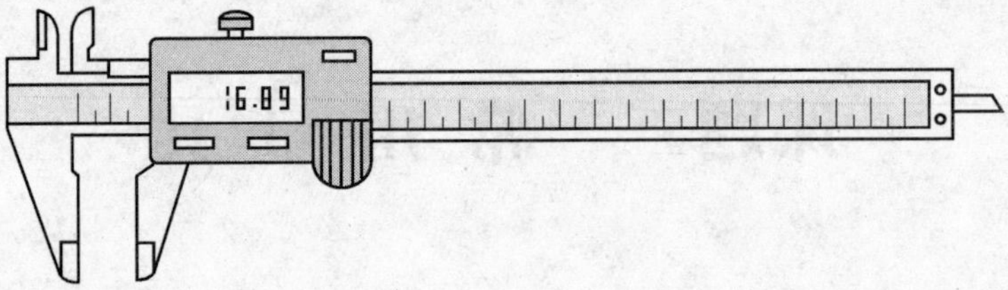

图 2-3 电子数显游标卡尺

主尺每小格为1mm，副尺刻线总长为39mm，并等分为20 格，因此每格为39mm/20 =1. 95mm。主尺和副尺相对一格之差为 2mm - 1. 95mm = 0. 05mm，所以它的游标读数值（精度）为0. 05mm。

3）0. 02mm（1/50）游标卡尺刻线原理：主尺每小格为 1mm，副尺刻线总长为 49mm，并等分为 50 格，因此每格为 49mm/50 = 0. 98mm。主尺和副尺相对一格之差为 1mm - 0. 98mm =0. 02mm，所以它的游标读数值（精度）为 0. 02mm。

4）游标卡尺的读数方法为：首先，读出主尺上位于副尺零线之前的数值，此数值即为读数的整数部分。其次，看副尺上哪一条刻线与主尺上的某刻线相对齐，则副尺刻线条数与游标读数值的乘积（格数 × 游标读数）为读数的小数部分。二者相加即为测量的尺寸。以游标读数值为 0. 02mm 的游标卡尺为例，读数如图 2-4 所示。

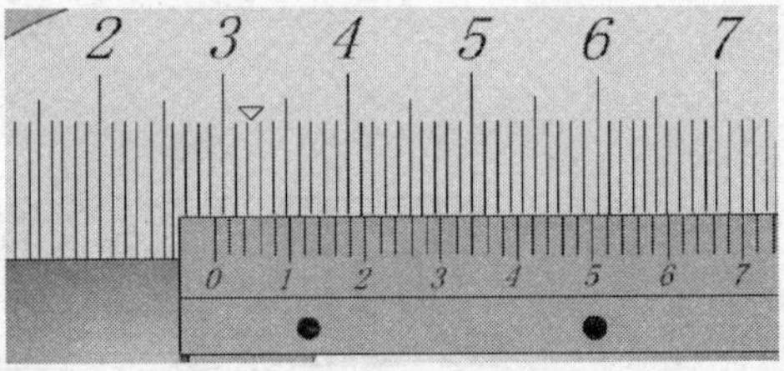

29mm+0.06mm=29.06mm

图 2-4 游标卡尺的读数

（3）游标卡尺使用注意事项

1）校对零点。使用前应先擦净卡尺，合拢卡爪，检查主尺和副尺的零线是否对齐。如不对齐，应送计量部门检修。

2）卡尺拿捏。测量外圆柱面时，卡尺应垂直于工件轴线不得倾斜，使卡爪充分接触工件表面。

3）用力适当。当卡爪与工件被测量面接触时，用力不能过大，否则会使卡爪变形，加速卡爪的磨损，产生测量误差。

4）读数时视线要对准所读刻线并垂直于尺面，否则读数会产生误差。

5）防止松动。在未读出数值之前先将游标卡尺上的止动螺钉拧紧，然后取下游标卡尺再进行读数。

6）不得用游标卡尺测量毛坯表面和正在运动的工件，防止损坏游标卡尺和发生危险。

游标卡尺的具体使用方法如图 2-5 所示。

2. 千分尺

利用螺旋副运动原理制成的量具称为测微量具。按照用途不同将其分为外径千分尺、内径千分尺、深度千分尺、螺纹千分尺和公法线千分尺等，这里主要介绍外径千分尺。千分尺是生产中最常用的精密量具之一，它的测量精度一般为 0. 01mm。由于测微螺杆的精度和结构上的限制，其移动量通常为 25mm，所以常用的千分尺测量范围为 0 ~25mm，25 ~50mm，50 ~75mm，75 ~100mm…每隔 25mm 为一挡规格。千分尺主要由尺架、测砧、测微螺杆、锁紧装置、固定套管、微分套筒和测力装置等组成，如图 2-6 所示。

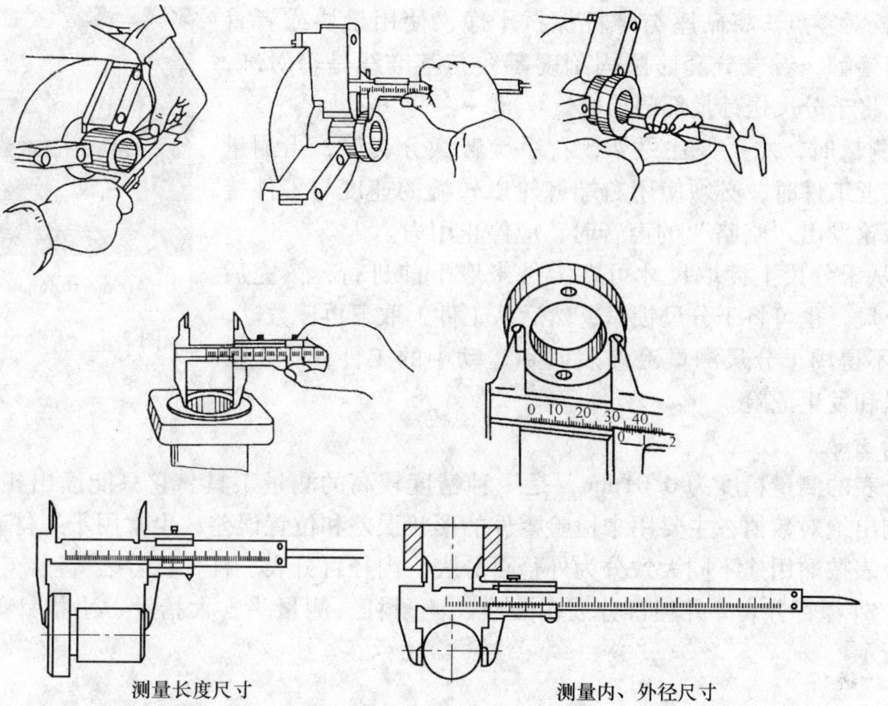

图 2-5　游标卡尺的使用方法

（1）千分尺的工作原理　千分尺测微螺杆的螺距为 0.5mm，固定套筒上刻线相距 0.5mm，当微分套筒转一周时，测微螺杆就移动一个螺距，即 0.5mm，微分套筒的圆周上共刻有 50 格，因此当微分套筒转一格（1/50 转），测微螺杆移动 0.5mm/50 = 0.01mm，所以千分尺的测量精度为 0.01mm（较常用）。

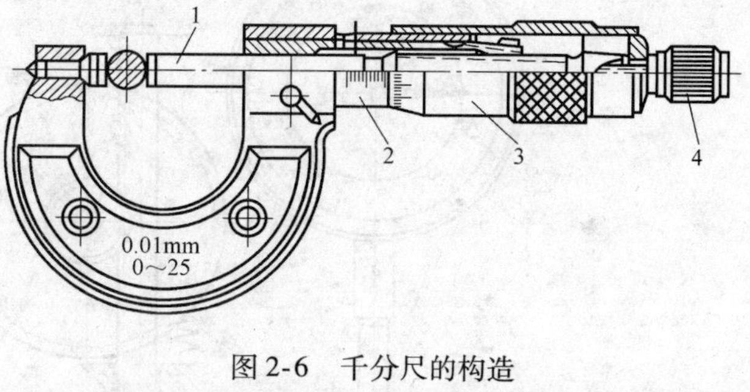

图 2-6　千分尺的构造

1—测微螺杆　2—固定套筒　3—微分套筒　4—测力装置

（2）千分尺的读数方法　整数部分读固定套筒上的主刻线，小数部分为微分筒的格数与测量精度的乘积。又因测微螺杆转一周只能移动 0.5mm，而主尺上刻线为 1mm 间距，故在主尺的水平刻线下方再刻上与上方两刻线对中的一些刻线，即将上面的 1mm 两等分，为 0.5mm。因此，千分尺的读数 = 主尺刻度 + 微分筒格数 × 测量精度，或主尺刻度 + 0.5mm + 微分筒格数 × 测量精度。

具体的读数过程为：

1）读出固定套筒上露出刻线的整毫米数和半毫米数。

2）将微分筒上与固定套筒基准线对齐的格数乘以千分尺的精度。

3）以上两数值相加，即为被测工件的尺寸。

以精度为 0.01mm 的千分尺为例，读数如图 2-7 所示。

（3）使用千分尺注意事项

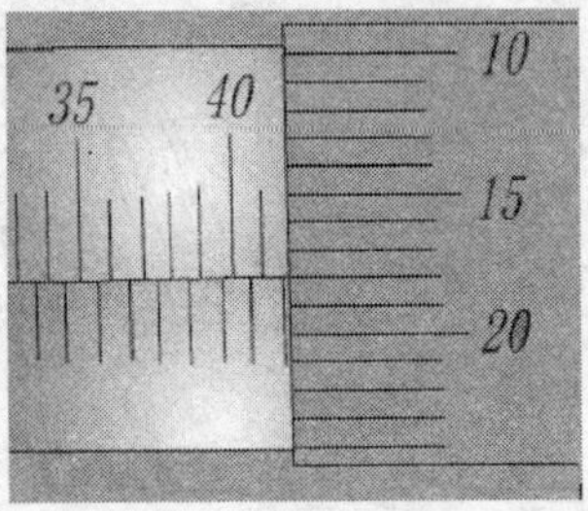

41.5mm+0.18mm=41.68mm

图2-7　千分尺的读数

1）校对零点。将砧座与螺杆擦拭干净，使用量块或者直接使它们接触，看微分套筒圆周刻度零线与基准线是否对准，如没有，将千分尺送计量部门检修。

2）测量时，左手握住弓架，右手旋转微分套筒，当测量螺杆快接近工件时，必须使用右端棘轮以较慢的速度与工件接触。当棘轮发出“咯咯”的声音时，应停止用力。

3）从千分尺上读取尺寸可在工件未取下前进行，读完后松开千分尺，也可将千分尺锁紧，然后从工件上取下再读数。

4）不得用千分尺测量毛坯表面和运动中的工件，防止损坏千分尺和发生危险。

3. 百分表

百分表的测量精度为0.01mm，是一种精度较高的测量工具。它只能读出相对的数值，而不能测出绝对数值，主要用来检验零件的形状误差和位置误差，也常用于工件装夹时的找正。百分表按照用途不同大致分为外径百分表、内径百分表、杠杆百分表等。

（1）外径百分表　外径百分表由表盘、测量杆、测量头、大指针、小指针等组成，如图2-8所示。

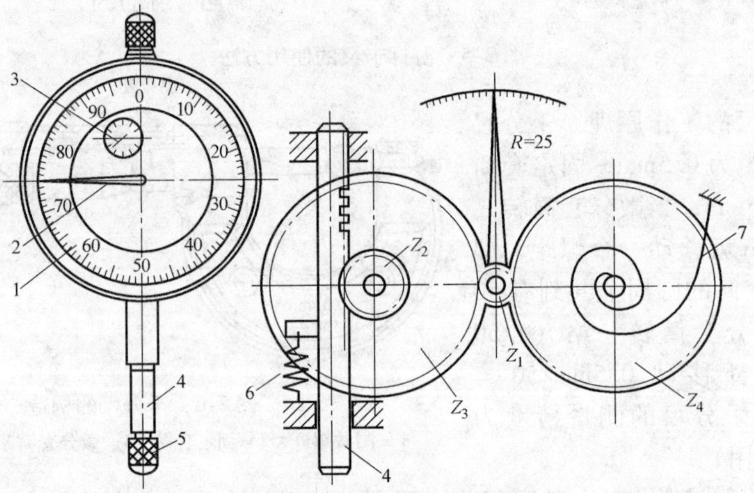

图2-8　外径百分表

1—表盘　2—大指针　3—小指针　4—测量杆　5—测量头　6—弹簧　7—游丝

外径百分表常用于：测量各类零件的线值尺寸、形状和位置误差，找正工件位置或与其他仪器配套使用。测量时，利用跟表头相连的齿条上下移动带动齿轮转动，使指针转动，指示读数，如图2-9所示。

（2）内径百分表　内径百分表是百分表的一种，如图2-10所示，是利用相对测量法测内孔的一种量仪，由表头、表杆、测量头等部分组成，主要用来测量孔径及其形状误差，测量精度有0.01mm、0.001mm两种，常用0.01mm。内径百分表配有成套的可换测量插头及附件，供测量不同孔径时选用。测量范围有6～10mm、10～18mm、18～35mm等多种。测量时，内径百分表接管应与被测孔的轴线重合，以保证可换插头与孔壁垂直，最终保证测量精度。

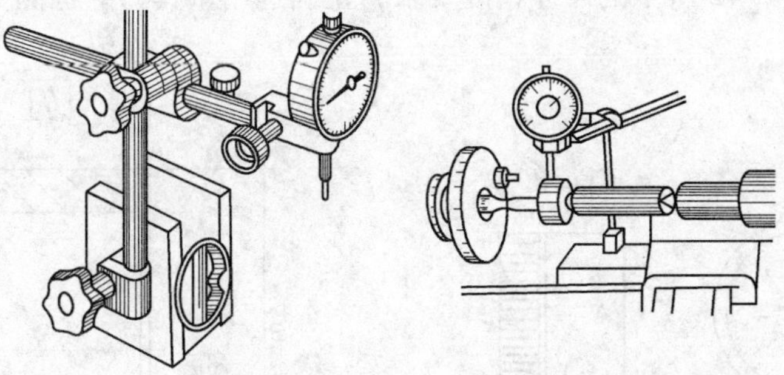

图2-9　外径百分表的使用

a) 百分表在支架上的使用　b) 在专用两顶尖间检查轴的径向圆跳动

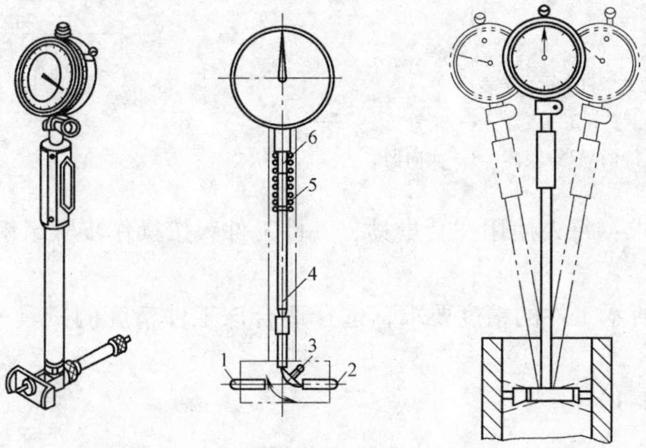

图2-10　内径百分表及使用

a) 内径百分表外形　b) 内径百分表结构　c) 内径百分表的使用方法

1—可换测头　2—活动测头　3—摆块　4—杆件　5—弹簧　6—量杆（百分表测头）

当活动量杆被工件挤压时，等臂杠杆推动推杆，使指示表表杆上下移动，带动指针转动，读出读数。应注意的是，使用内径百分表之前要进行校零。

(3) 杠杆百分表　如图2-11所示，杠杆百分表分度值为0.01mm，示值范围一般为0.4mm。它由杠杆、齿轮传动机构等组成。测头接触工件时，通过杠杆使扇形齿轮绕其摆动，并带动与它相啮合的小齿轮转动，使固定在同一轴上的指针偏转指示数值，显示出读数。当测量杆的测头摆动0.01mm时，杠杆、齿轮传动机构的指针正好偏转一小格，这样就得到测量精度为0.01mm杠杆百分表的读数值。

【技能训练】

用通用量具对如图2-12所示的套进行测量，达到测量精度要求。

1. 训练要求

1) 时间：0.5h。

2）能根据如图 2-12 所示的尺寸精度要求，正确选用量具，熟练测量工件各尺寸，并作出适用性结论。

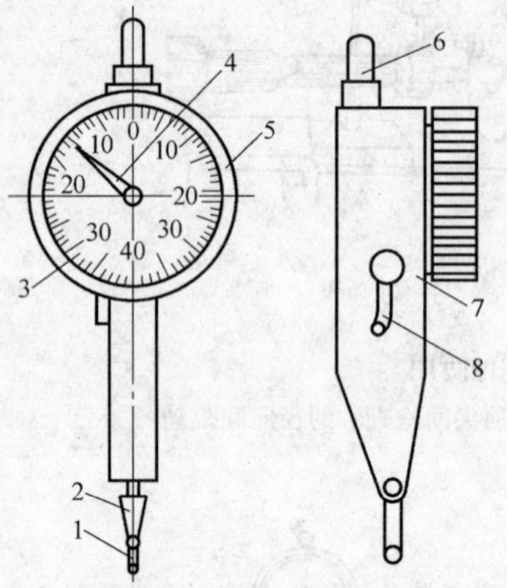

图 2-11　杠杆百分表

1—测头　2—测杆　3—表盘　4—指针

5—表圈　6—夹持柄　7—表体　8—换向器

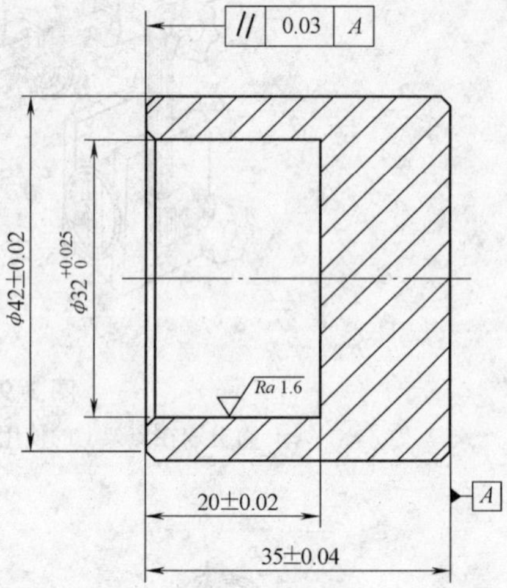

图 2-12　套

3）教学组织要求：每人使用一套量具、一件工件，按操作步骤组织学习。

2. 训练内容

根据如图 2-12 所示工件的精度要求，选择适合该工件精度的量具进行测量，并作出适用性结论。

3. 工量具（表 2-1）

表 2-1　工量具

名　　称	规 格 型 号	数　　量	备　　注
深度游标卡尺	200mm，0.02mm	1	
游标卡尺	150mm，0.02mm	1	
外径千分尺	0～25mm、25～50mm，0.01mm	各 1	
内径百分表	φ18～35mm，0.1mm	1	
杠杆百分表	0.8mm，0.01mm	1	
V 形铁	105mm×105mm×80mm　1 级	1	

【操作步骤】

1）根据图样分析，编写测量工艺步骤，填写测量工艺卡（表 2-2）。

2）擦拭被测工件，选择量具，检验量具零位，准备测量。

3）按工时、测量步骤进行测量。

4）测量完毕，作出适用性结论。

表 2-2 测量工艺卡

(单位)	测量工艺卡	课题序号	2	图号	2-12	实训班级	
		课题内容		常用量具		零件名称	套
材料		毛坯种类				毛坯尺寸	

工序	工种	工步	工序内容	车间	设备	工装		
						夹具	刀具	量具
1			测量工件的直径 $\phi42\text{mm}\pm0.02\text{mm}$、长度 $35\text{mm}\pm0.04\text{mm}$					游标卡尺、千分尺
2			测量工件的深度 $20\text{mm}\pm0.02\text{mm}$					深度游标卡尺
3			测量工件的内径 $\phi32^{+0.025}_{0}\text{mm}$					内径百分表、千分尺
4			// 0.03 A					杠杆表、磁力表座、V形铁

【考核标准】(表 2-3)

表 2-3 考核表

姓名		班级		课题项目		零件编号	
序号	考核项目	考核内容及要求		评分标准	配分	检测结果	得分
1	外径	$\phi42\text{mm}\pm0.02\text{mm}$		每超差 0.01mm 扣 5 分	25		
2	长度	$35\text{mm}\pm0.04\text{mm}$		每超差 0.01mm 扣 5 分	10		
3	深度	$20\text{mm}\pm0.02\text{mm}$		每超差 0.01mm 扣 5 分	25		
4	内径	$\phi32^{+0.025}_{0}\text{mm}$		每超差 0.01mm 扣 5 分	25		
5	平行度	// 0.03 A		每超差 0.01mm 扣 5 分	15		

【拓展练习】

(一) 理论练习题

填空题

(1) 千分尺由 (　　)、(　　)、(　　)、(　　) 等几部分组成。

(2) 千分尺的活动套筒转动一格，测微螺杆移动 (　　)。

(3) 测高和划线是 (　　) 的用途。

(4) 用百分表测量平面时，测量杆要与被测表面 (　　)。

(5) 量具在使用过程中，应放在 (　　)。

(二) 技能练习题

准确读取如图 2-13、图 2-14 所示的游标卡尺的测量值，以及如图 2-15、图 2-16 所示的千分尺的测量值。

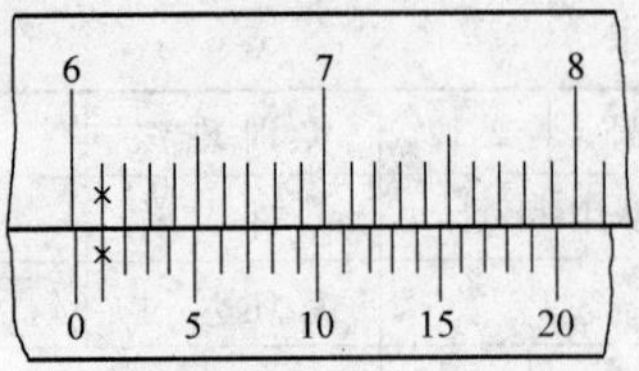

图 2-13　游标卡尺读数 1

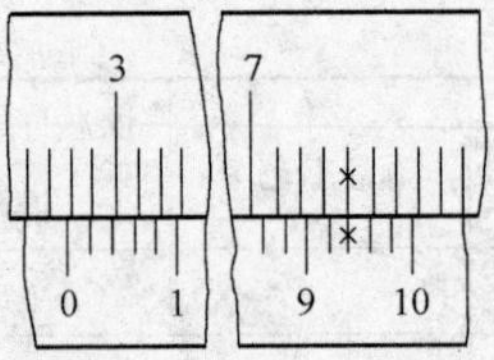

图 2-14　游标卡尺读数 2

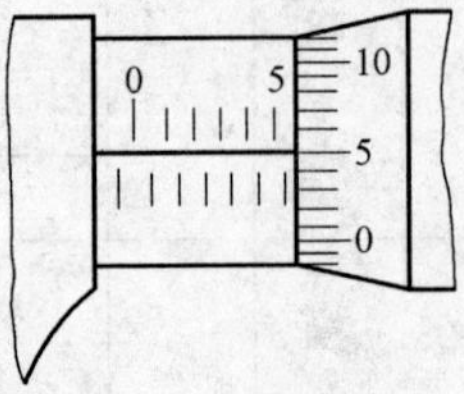

图 2-15　千分尺读数 1

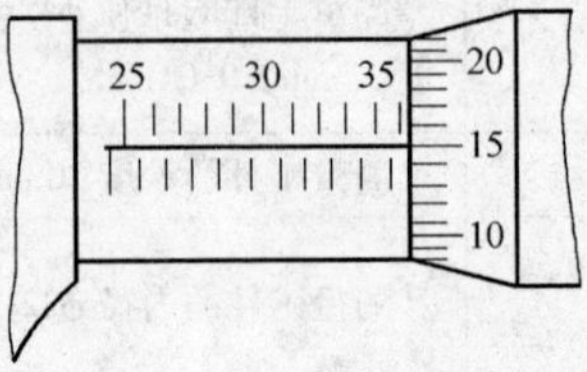

图 2-16　千分尺读数 2

课题三　刀具的几何角度与刃磨

【学习目标】

（1）掌握车刀的几何角度。

（2）掌握车刀的刃磨姿势及刃磨方法，并能正确刃磨车刀。

【相关知识】

车刀是形状最简单的单刃刀具，其他各种复杂刀具都可以看做是车刀的组合和演变，有关车刀角度的定义，均适用于其他刀具。

1. 车刀的组成

车刀由刀头（切削部分）和刀体（夹持部分）组成。车刀的切削部分由三面、二刃、一尖组成，如图 3-1 所示。

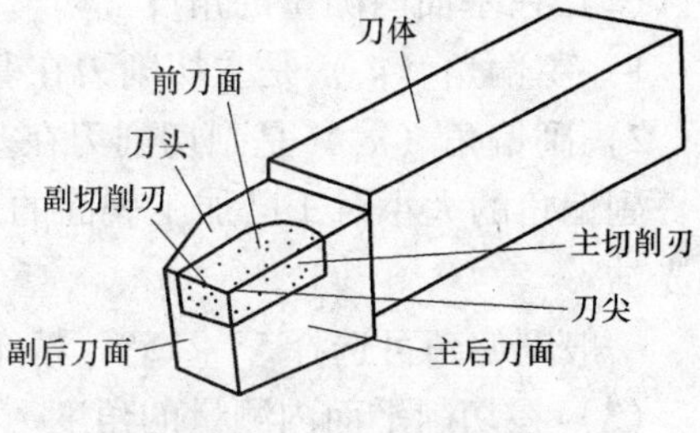

图 3-1　车刀的组成

1）前刀面：切削时，切屑流出所经过的表面。

2）主后刀面：切削时，与工件加工表面相对的表面。

3）副后刀面：切削时，与工件已加工表面相对的表面。

4）主切削刃：前刀面与主后刀面的交线。它可以是直线或曲线，担负着主要的切削工作。

5）副切削刃：前刀面与副后刀面的交线，一般只担负少量的切削工作。

6）刀尖：主切削刃和副切削刃的连接部位。为了提高刀具强度，常将刀尖磨成圆弧形或直线形过渡刃。一般硬质合金刀尖圆弧半径为 0.5 ~ 1mm。

2. 确定车刀角度的辅助平面

辅助平面如图 3-2 所示，具体如下：

（1）切削平面 P_s　通过切削刃上任一点，与工件过渡表面相切的平面。

（2）基面 P_r　通过切削刃上任一点，与该点切削速度方向垂直的平面。

（3）正交平面 P_o　通过切削刃上任一点，同时垂直于切削平面和基面的平面。

3. 车刀角度

车刀切削部分共有 6 个角度：前角（γ_o）、主后角（α_o）、副后角（α_o'）、主偏角（κ_r）、副偏角（κ_r'）和刃倾角（λ_s），以及两个派生角度：楔角（β_o）和刀尖角（ε_r），如图 3-3 所示。

（1）在截面内测量的角度

1）前角（γ_o）是前刀面与基面之间的夹角，表示前刀面的倾斜程度。前角可以为正、负也可为零，前刀面在基面之下则前角为正值，反之为负值，相重合为零。

2）后角（α_o）是主后刀面与切削平面之间的夹角，表示主后刀面的倾斜程度。在主截面内测量的是主后角（α_o），在副截面内测量的是副后角（α_o'），一般后角可取 6° ~ 8°。

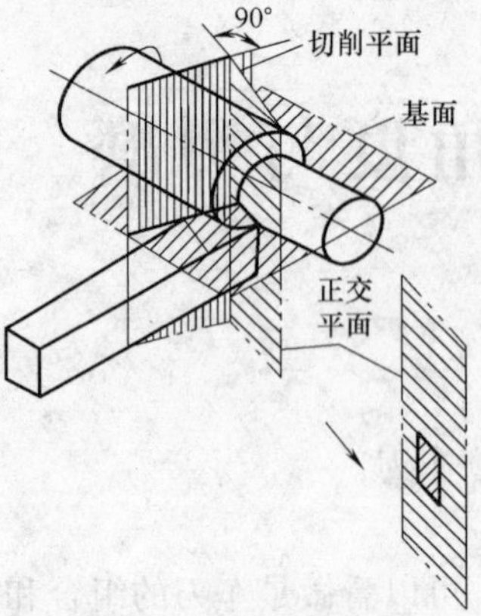

图 3-2 车刀几何角度辅助平面

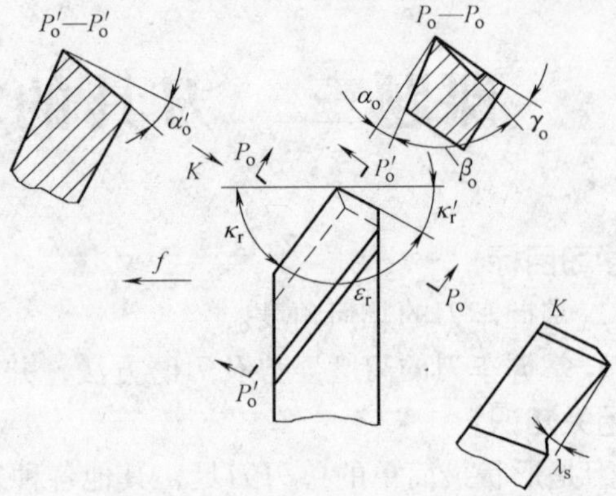

图 3-3 车刀角度

（2）在基面内测量的角度

1）主偏角（κ_r）是主切削刃在基面上的投影与进给运动方向间的夹角。

2）副偏角（κ_r'）是副切削刃在基面上的投影与远离进给运动方向间的夹角。

副偏角的大小对于已加工表面的表面粗糙度有很大影响，减小副偏角可使已加工表面更加光洁。

一般副偏角可选择 5°～15°，精车时取 5°～10°，粗车时取 10°～15°。

（3）在切削平面内测量的角度

1）刃倾角（λ_s）是主切削刃与基面的夹角。

刃倾角主要影响主切削刃的强度，并控制切屑流出的方向。以刀杆底面为基准，当刀尖为主切削刃最高点时，λ_s 为正值，切屑流向待加工表面；当主切削刃与刀杆底面平行时，$\lambda_s=0°$，切屑沿着垂直于主切削刃的方向流出；当刀尖为主切削刃最低点时，λ_s 为负值，切屑流向已加工表面。

2）楔角（β_o）是在主截面内前刀面和后刀面的夹角，其计算方法为：

$$\beta_o = 90° - (\gamma_o + \alpha_o)$$

3）刀尖角（ε_r）是主切削刃和副切削刃在基面投影所得的夹角，其计算方法为：

$$\varepsilon_r = 180° - (\kappa_r + \kappa_r')$$

4. 车刀的刃磨

（1）刀具的磨损及砂轮　在切削过程中，车刀前刀面和后刀面由于剧烈的摩擦产生大量的切削热量，导致车刀切削部分变钝，失去正常的切削能力。此时应用砂轮刃磨车刀。目前常用的砂轮主要有氧化铝砂轮和碳化硅砂轮两类。

1）氧化铝砂轮适用于高速钢和碳素工具钢刀具的刃磨。

2）碳化硅砂轮适用于硬质合金刀具的刃磨。

砂轮的粗细以粒度表示，一般可分为 36 粒、60 粒、80 粒和 120 粒等级别。粒数越细则表示砂轮的磨料越细，反之越粗。粗磨车刀应选粗砂轮，精磨车刀应选细砂轮。

（2）车刀的刃磨　无论硬质合金车刀还是高速钢车刀，在使用之前都要根据切削条件选择合理的切削角度进行刃磨。磨刀步骤如图 3-4 所示，依次为：磨前刀面、磨主后刀面、磨副后刀面、磨刀尖圆弧。

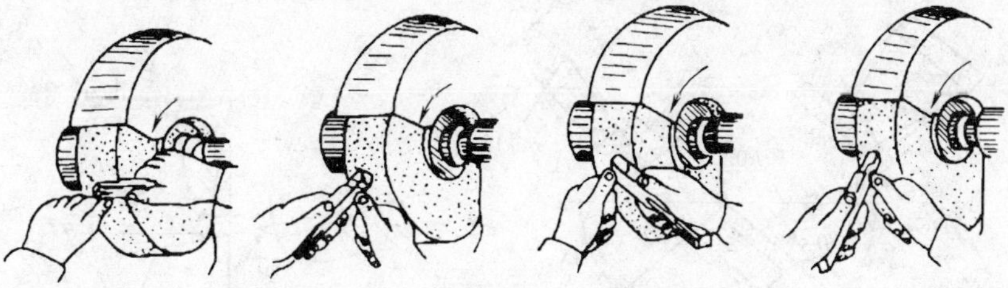

图 3-4　刃磨外圆车刀的步骤

1）磨前刀面。掌握正确的磨削姿势，刃磨前角和刃倾角到正确的角度。

2）磨主后刀面。掌握正确的磨削姿势，刃磨主偏角和主后角到正确的角度。

3）磨副后刀面。磨副后刀面时，刀杆尾部向右偏过一个副偏角的角度，把副偏角和副后角磨到正确角度。

4）磨刀尖圆弧。圆弧半径为0.5～2mm，用R规测量。

5）研磨切削刃。车刀在砂轮上磨好以后，再用油石加些机油研磨车刀的前刀面及后刀面，使切削刃锐利和光洁，延长车刀的使用寿命。车刀切削部分磨损不严重时，可用油石修磨。

（3）刃磨车刀的姿势及方法

1）刃磨前要对砂轮机的防护设施进行检查，待砂轮转动匀速后方可进行磨削，操作人员应站立在砂轮侧面，防止砂轮破裂伤人。

2）为减小刃磨时产生的抖动，两手握刀要有一定的距离，两肘夹紧腰部以增加握持力，双手握稳车刀，用力要均匀。

3）刃磨时，车刀应处于砂轮的水平中心线处，刀尖略微上翘约3°～8°，防止出现后角过大或负后角等缺陷。车刀应作左右方向水平移动，防止砂轮产生凹槽。当车刀离开砂轮时，刀尖需向上抬起，以防磨好的切削刃被砂轮碰伤。

（4）检查车刀角度的方法

1）目测法。肉眼直接观察车刀角度是否符合切削要求，切削刃是否锋利，表面是否有裂痕和其他不符合切削要求的缺陷。

2）游标万能角度尺和样板测量法。对于切削性能要求高的车刀，使用游标万能角度尺等测量工具边磨削边检测，直到符合角度要求为止。

【技能训练】

在立式砂轮机上刃磨出如图3-5所示的45°、90°车刀，并达到图样所示的角度要求。

1. 训练要求

1）时间：2h。

2）车刀拿持正确，在砂轮机侧面站立。

3）教学组织要求：每人使用一台砂轮机、一组刀具，按操作步骤组织教学。

2. 训练内容

刃磨45°、90°车刀。

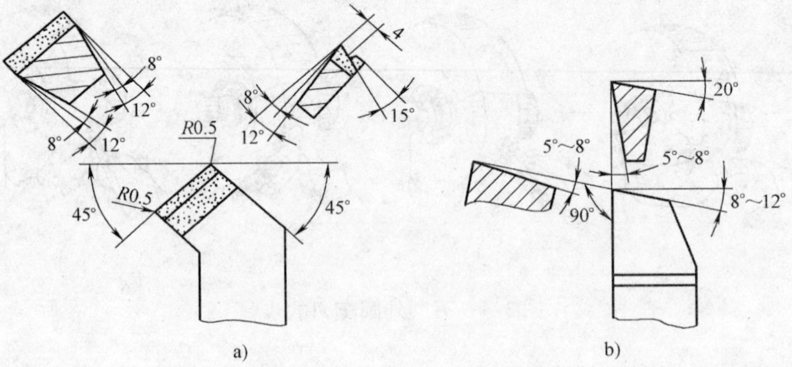

图 3-5　45°、90°车刀的刃磨训练

3. 工量具（表 3-1）

表 3-1　工量具

名　称	规格型号	数　量	备　注
游标卡尺	150mm，0.02mm	1	
游标万能角度尺	320°，5′	1	
磨刀样板	量角器和样板	1	
45°车刀		1	
90°车刀		1	

【操作步骤】

1）根据图样分析，编写车刀刃磨工艺，填写车刀刃磨工艺卡（表 3-2）。

表 3-2　车刀刃磨工艺卡

<table>
<tr><td colspan="3" rowspan="2">（单位）</td><td rowspan="2">机械加工
工艺卡</td><td>课题序号</td><td>3</td><td>图号</td><td>3-5</td><td>实训班级</td><td colspan="2"></td></tr>
<tr><td colspan="2">课题内容</td><td colspan="2">45°、90°车刀
的刃磨训练</td><td>零件名称</td><td colspan="2">45°、90°车刀</td></tr>
<tr><td colspan="3">材　料</td><td>硬质合金</td><td colspan="2">毛坯种类</td><td colspan="2"></td><td>毛坯尺寸</td><td colspan="2"></td></tr>
<tr><td rowspan="2">工序</td><td rowspan="2">工种</td><td rowspan="2">工步</td><td rowspan="2" colspan="3">工序内容</td><td rowspan="2">车间</td><td rowspan="2">设备</td><td colspan="3">工　装</td></tr>
<tr><td>夹具</td><td>刃具</td><td>量　具</td></tr>
<tr><td>1</td><td>刃磨</td><td></td><td colspan="3">粗磨主后刀面和副后刀面</td><td rowspan="5"></td><td rowspan="5">砂轮机</td><td></td><td>氧化铝
砂轮</td><td rowspan="4">游标万能角度尺和样板</td></tr>
<tr><td>2</td><td></td><td></td><td colspan="3">粗、精磨前刀面</td><td></td><td>碳化硅
砂轮</td></tr>
<tr><td>3</td><td></td><td></td><td colspan="3">精磨主、副后刀面</td><td></td><td>碳化硅
砂轮</td></tr>
<tr><td>4</td><td></td><td></td><td colspan="3">刃磨卷屑槽</td><td></td><td>碳化硅
砂轮</td></tr>
<tr><td>5</td><td></td><td></td><td colspan="3">检验各部分尺寸</td><td></td><td></td><td></td></tr>
</table>

2）按工时进行刃磨。

3）刃磨完毕，检验刃磨精度，并交件。

【考核标准】（表3-3）

表3-3　考核表

<table>
<tr><td>姓　名</td><td></td><td>班　级</td><td></td><td>课题项目</td><td></td><td>零件编号</td><td></td></tr>
<tr><td>序号</td><td>考核项目</td><td colspan="2">考核内容及要求</td><td>评分标准</td><td>配分</td><td>检测结果</td><td>得分</td></tr>
<tr><td>1</td><td>前、后刀面的刃磨</td><td colspan="2">表面光洁、姿势正确，且能达到角度要求</td><td>不达要求不得分</td><td>4×10</td><td></td><td></td></tr>
<tr><td>2</td><td>断屑槽的刃磨</td><td colspan="2">表面光洁、动作规范、姿势正确，且能达到角度要求</td><td>不达要求不得分</td><td>4×10</td><td></td><td></td></tr>
<tr><td>3</td><td>车刀的修磨</td><td colspan="2">方法正确且能达到要求</td><td>不达要求不得分</td><td>10</td><td></td><td></td></tr>
<tr><td>4</td><td>安全文明生产</td><td colspan="3">1. 砂轮机安全操作规程
2. 工、夹、刃、量具放置及使用规范
3. 砂轮机维护保养
4. 工作场地清理</td><td colspan="2">违反一条　扣2分</td><td></td></tr>
<tr><td>5</td><td>按时完成工件</td><td colspan="3">1. 超时10min，扣5分
2. 超时20min，扣10分
3. 超时30min，不得分</td><td colspan="2"></td><td></td></tr>
<tr><td>6</td><td>总配分（100分）</td><td colspan="3"></td><td colspan="2"></td><td></td></tr>
<tr><td colspan="2">工时定额</td><td colspan="2">2h</td><td>指导教师</td><td colspan="3"></td></tr>
</table>

【拓展练习】

（一）理论练习题

填空题

（1）刀具材料的硬度越高，耐磨性（　　）。

（2）成型车刀的前角应取（　　）。

（3）切断刀的副后角应选（　　）。

（4）加工中间切入的工件，主偏角一般选（　　）。

（5）用较高的切削速度切削高硬度的材料时，切削温度会（　　）。

（二）技能练习题

按如图3-6所示的车刀角度要求，刃磨切断刀，具体要求如下：

（1）时间：2. 5h。

（2）能利用45°、90°车刀的刃磨训练方法对切断刀进行正确的刃磨。

（3）能利用游标万能角度尺和样板等量具进行各个角度的检测。

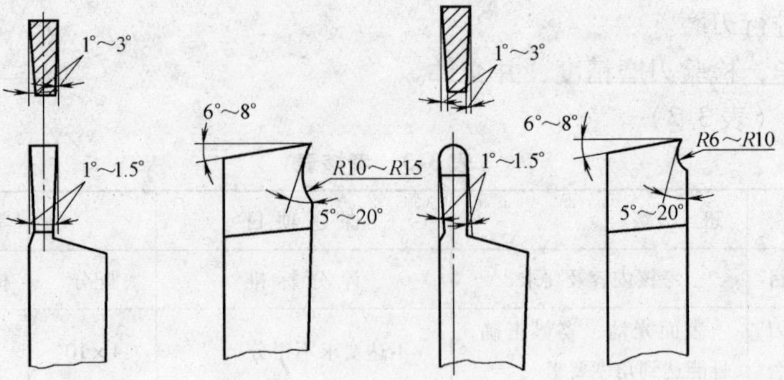

图 3-6　切断刀、圆弧刀的刃磨角度

课题四　车削轴类零件

【学习目标】

（1）掌握车削轴类零件的装夹和测量方法。

（2）能熟练编写轴类零件的加工工艺。

（3）能够按照图样要求，加工出合格的零件。

【相关知识】

1. 轴类零件的种类与结构

轴类零件是常见的典型零件之一，大致包括圆柱表面、台阶、端面、退刀槽、倒角和圆弧等表面结构，轴类零件有一个共同特点，即都具有外圆柱表面。按轴类零件结构形式的不同，一般可分为光轴、阶梯轴、偏心轴和异形轴等。它们在机器中用来支承齿轮、带轮等传动零件，以传递转矩或运动，因此加工精度要求较高。车削轴类零件时一般有粗车和精车两个阶段。粗车的目的是尽快去除大部分余量，提高加工效率，因此有进给快、背吃刀量大等特点。精车时加工余量小，必须使工件达到图样上规定的尺寸精度、几何精度和表面粗糙度，因此要求车刀的切削刃锋利等。车削轴类零件常用到的车刀类型如图 4-1 所示：

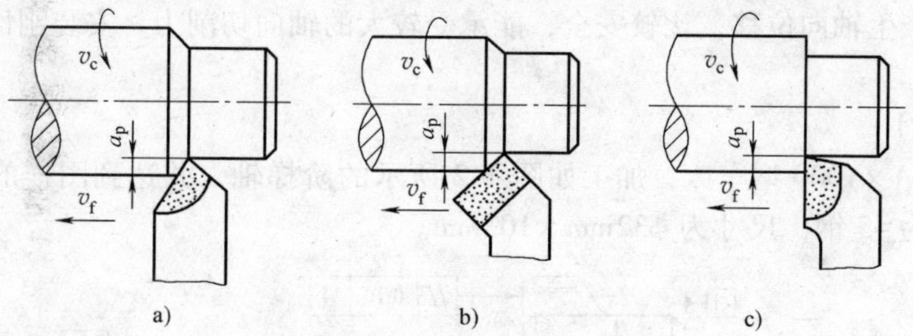

图 4-1　轴类零件常用车刀

a）直头车刀　b）弯头车刀　c）90°偏刀

2. 轴类零件加工的工艺分析

（1）轴类零件加工的工艺路线　外圆加工的方法很多，基本加工工艺路线可归纳为三种。

1）粗车—半精车—精车：适用于淬火钢以外的各种金属，这是外圆表面加工最主要的工艺路线。

2）粗车—半精车—粗磨—精磨—超精加工：对于车削钢铁材料、精度要求较高和表面粗糙度数值要求较小时，其后续工序只能用磨削来完成切削加工。

3）粗车—半精车—粗磨—金刚石车：对于要求较高的非铁金属，用磨削加工通常不易得到所要求的表面粗糙度，又因为非铁金属一般比较软，容易堵塞沙粒间的空隙，因此其最终工序多用精车和金刚石车。

轴类零件的主要加工表面是外圆表面，但也有常见的特殊形状表面，因此针对各种精度等级和表面粗糙度要求不同选择加工方法。对普通精度的轴类零件加工，其典型的加工工艺路线如下：

备坯→去应力处理→车端面、打中心孔→粗车各面→半精车各面→非回转面加工→去毛刺→中检→最终热处理→修研中心孔→粗、精磨外圆（或精车）→清洗→终检。

（2）轴类零件的装夹

1）在三爪自定心卡盘上装夹轴类零件，三个卡爪同步运动，能自动定心，不需找正，装夹工件方便、省时，但是装夹较长工件时找正时间需要较长，夹紧力较小，适用于装夹大批量的外形规则的中、小型工件。

2）在四爪单动卡盘上装夹轴类零件，夹紧力较大，但是四个卡爪各自独立运动，因此装夹时必须将工件的旋转中心找正与车床主轴旋转中心重合后才可车削。找正比较费时，只适用于装夹形状不规则或大型工件的场合。

3）在两顶尖之间装夹用于加工长度尺寸较大或加工工序较多的轴类工件，目的是保证每次装夹时的装夹精度。两顶尖装夹工件方便，不需找正，没有安装误差，易保证工件同轴度，装夹精度高，但必须先在工件的两端面钻出中心孔，适用于精度要求不高的工件。用两顶尖装夹工件时需要注意：前后顶尖的连线应与车床主轴轴线同轴；尾座套筒在不影响车刀切削的前提下，应尽量伸出短些；中心孔应形状正确，表面粗糙度值小；两顶尖与中心孔的配合应松紧合适。

4）用卡盘和顶尖装夹轴类零件，在卡盘内安装限位支承，目的是为了防止工件由于切削力的作用而产生轴向位移，比较安全，能承受较大的轴向切削力，安装刚性好，轴向定位准确。

【技能训练】

用 CA6140A×1000 型车床，加工如图 4-2 所示的阶梯轴，并达到图样的精度要求。阶梯轴毛坯材料为 45 钢，尺寸为 ϕ32mm×102mm。

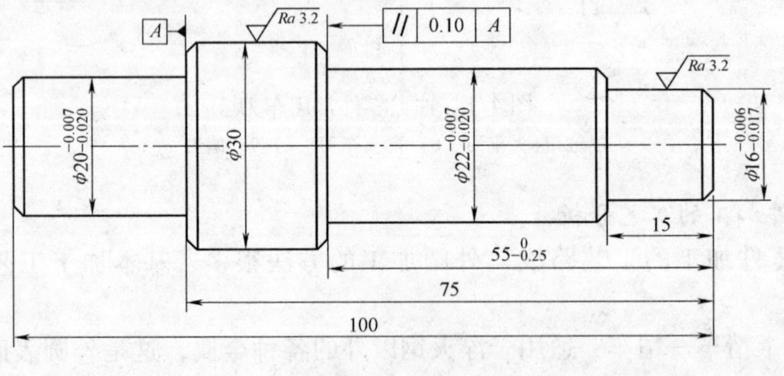

图 4-2 阶梯轴

1. 训练要求

（1）时间：6h。

（2）机床各手柄调整正确，使每个尺寸达到要求。

（3）教学组织要求：每人使用一台车床，一套工具、量具，一块毛坯材料，按操作步骤组织学习。

2. 训练内容

加工零件如图 4-2 所示。

3. 工量具（表 4-1）

表 4-1　工量具清单

名　称	规格型号	数　量	备　注
游标卡尺	150mm，0.02mm	1	
外径千分尺	0～25mm，0.01mm	1	
刀台扳手	配 CA6140 车床	1	
卡盘扳手	配 CA6140 车床	1	
叉口扳手	17～19mm	1	
活扳手	250mm	1	
45°车刀	25×25	1	
90°偏刀	25×25	1	

【操作步骤】

1）根据图样分析，编写加工工艺，填写加工工艺卡（表 4-2）。

表 4-2　轴类零件加工工艺卡

<table>
<tr><td colspan="3" rowspan="2">（单位）</td><td rowspan="2">机械加工
工艺卡</td><td>课题序号</td><td>4</td><td>图号</td><td>4-2</td><td>实训班级</td><td colspan="2"></td></tr>
<tr><td colspan="2">课题内容</td><td colspan="2">轴类零件加工</td><td>零件名称</td><td colspan="2">阶梯轴</td></tr>
<tr><td colspan="3">材　料</td><td>45 钢</td><td colspan="2">毛坯种类</td><td colspan="2">热轧圆钢</td><td>毛坯尺寸</td><td colspan="2">ϕ32mm×102mm</td></tr>
<tr><td rowspan="2">工序</td><td rowspan="2">工种</td><td rowspan="2">工步</td><td rowspan="2" colspan="2">工序内容</td><td rowspan="2">车间</td><td rowspan="2">设备</td><td colspan="3">工　装</td></tr>
<tr><td>夹　具</td><td>刃　具</td><td>量　具</td></tr>
<tr><td>1</td><td>车</td><td></td><td colspan="2">三爪自定心卡盘夹持工件一端，手动横向进给车端面，钻 ϕ3mm 中心孔</td><td></td><td>CA6140</td><td rowspan="5">三爪自定心卡盘</td><td>45°车刀</td><td></td></tr>
<tr><td>2</td><td>车</td><td></td><td colspan="2">粗车 ϕ30mm 外圆，留余量 1～1.5mm，长度至 50mm</td><td></td><td>CA6140</td><td>90°偏刀</td><td>游标卡尺</td></tr>
<tr><td>3</td><td>车</td><td></td><td colspan="2">调头夹持 ϕ30mm 外圆，车端面至阶梯轴总长 100mm，钻 ϕ3mm 中心孔</td><td></td><td>CA6140</td><td>45°车刀</td><td>游标卡尺</td></tr>
<tr><td>4</td><td>车</td><td></td><td colspan="2">采用双顶尖装夹，粗、精车 $\phi22_{-0.020}^{-0.007}$mm×55mm$_{-0.25}^{0}$mm、$\phi16_{-0.016}^{-0.006}$mm×15mm 至尺寸要求</td><td></td><td>CA6140</td><td>90°偏刀</td><td>游标卡尺、千分尺</td></tr>
<tr><td>5</td><td>车</td><td></td><td colspan="2">调头双顶尖装夹，粗、精车 ϕ30mm、$\phi20_{-0.020}^{-0.007}$mm 至尺寸精度和平行度要求</td><td></td><td>CA6140</td><td>90°偏刀</td><td>游标卡尺</td></tr>
<tr><td>6</td><td>车</td><td></td><td colspan="2">车倒角 $C1.5$</td><td></td><td>CA6140</td><td>三爪自定心卡盘</td><td>45°偏刀</td><td></td></tr>
</table>

2）装夹毛坯，安装刀具，调整机床。

3）按工时进行加工。

4）加工完毕，检验加工精度，交件。

【考核标准】（表4-3）

表4-3 考核表

考核项目	内容	配分	评分标准	检验结果	扣分	得分
外圆（40分）	$\phi30$mm	10	误差每超出0.02mm扣1分，直至扣完该分值为止（未注公差按IT12）			
	$\phi20_{-0.020}^{-0.007}$mm	10				
	$\phi22_{-0.020}^{-0.007}$mm	10				
	$\phi16_{-0.017}^{-0.006}$mm	10				
长度（30分）	15mm	5	未标注尺寸公差按IT12检测，误差每超出±0.1mm扣1分。标注公差尺寸误差每超出±0.02mm扣1分			
	$55_{-0.025}^{0}$mm	15				
	75mm	5				
	100mm	5				
几何公差（10分）	// 0.10 A	10	每超差0.02mm，扣2分，直至扣完为止			
表面粗糙度（20分）	$\sqrt{Ra3.2}$	10	每处表面粗糙度值超过标注值扣2分			
总分						

【拓展练习】

（一）理论练习题

填空题

（1）轴类零件最常用的毛坯是（　　）。

（2）用卡盘装夹悬伸较长的轴，容易产生（　　）误差。

（3）车削细长轴时，要使用中心架或跟刀架来增加工件的（　　）。

（4）在大批量生产中，常采用（　　）原则。

（5）车端面时，车刀应高于工件中心，工作前角大于（　　）。

（6）车削细长轴时，跟刀架的卡爪压得过紧，易出现（　　）。

（7）车削细长轴时，要使用跟刀架和中心架来增加工件的（　　）。

（8）车削细长轴时，车刀的前角宜取（　　）。

（二）技能练习题

按照如图4-3所示的技术要求，加工阶梯轴，具体要求如下：

（1）能利用CA6140A×1000车床加工阶梯轴。

（2）能用常用量具进行阶梯轴的检测。

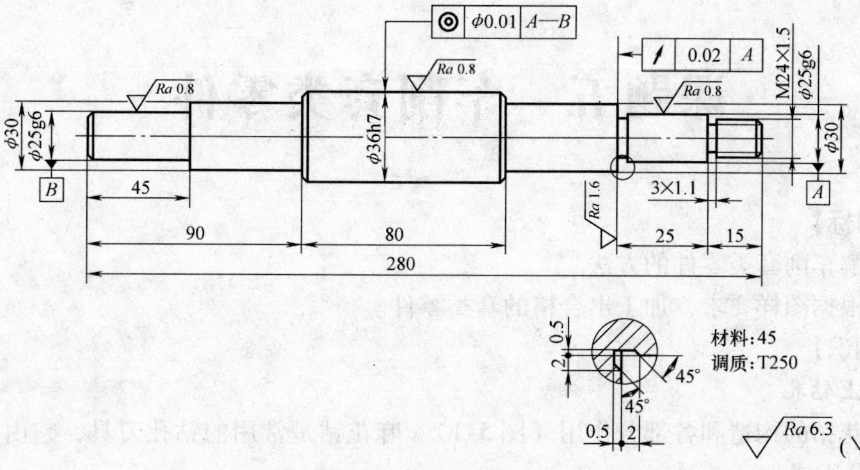

ϕ0.01 A—B
0.02 A
Ra 0.8
Ra 0.8
Ra 0.8
Ra 1.6
M24×1.5
ϕ25g6
ϕ30
ϕ25g6
ϕ36h7
ϕ30
B
A
45
3×1.1
90
80
25
15
280
0.5
2
45°
45°
0.5
2
材料:45
调质:T250
Ra 6.3

图 4-3 阶梯轴

课题五　车削套类零件

【学习目标】

（1）了解车削套类零件的方法。

（2）能根据图样要求，加工出合格的套类零件。

【相关知识】

1. 车床上钻孔

（1）麻花钻的构造和各部分作用（图5-1）　麻花钻是常用的钻孔刀具，它由柄部、颈部和工作部分组成。

柄部分为直柄和莫氏锥柄（morse No.）两种，其作用是在钻削时传递切削动力（传递转矩和轴向力），并保证钻头的夹持与定心。锥柄麻花钻一般用莫氏过渡套插入尾座锥孔中，颈部直径较大的钻头在颈部刻有商标、直径尺寸和材料牌号，以及莫氏锥度号（morse No.）。

工作部分由切削部分和导向部分组成。两切削刃起切削作用。棱边副切削刃起导向作用、减少摩擦和修光作用（倒锥型）。两条螺旋槽的作用是排出切屑并引进切削液进行散热。

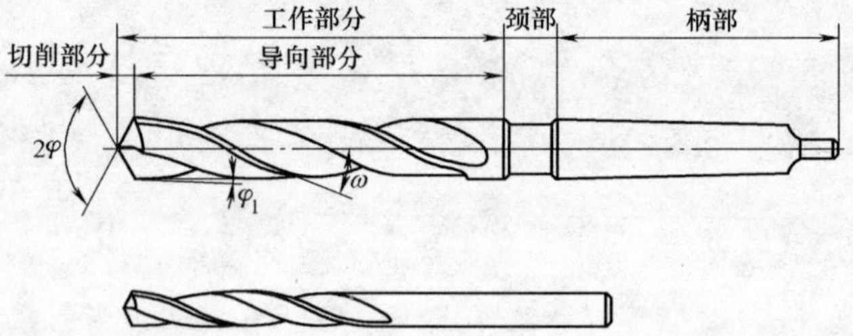

图5-1　麻花钻

（2）麻花钻切削部分的几何角度（图5-2）

1）顶角2φ。麻花钻的两条主切削刃之间的夹角称为顶角，其角度一般为118°±2°。钻削软材料时顶角可取小些（尖一些），因为顶角小时，轴向阻力小，刀尖角ε增大，有利于散热。但这时钻头所受到切削转矩会增大，切屑变形大，排屑不畅，也影响了切削液的注入，所以钻硬材料时顶角取大于118°。

2）横刃斜角ψ。横刃与两条主切削刃之间的夹角称为横刃斜角，通常为55°。横刃斜角的大小随刃磨后角大小的变化而变化。后角大，横刃斜角减小，横刃变长，钻削时周向力增大（轴向力增大、定心作用差）。后角小则钻削困难。

3）前角γ。前刀面上的任一点与基面的夹角称为前角，主切削刃上各点的前角是不一样的，一般为-30°~30°，外缘处最大为30°，靠近钻头中心处变为负前角-30°。麻花钻的螺旋角ω越大，前角也越大。前角的作用是影响切屑的变形和主切削刃的强度，决定着切削的难易程度。

4）后角α。后刀面与切削平面的夹角称为后角，作用是减小后刀面与切削平面的摩擦（孔的表面质量）和增大主切削刃的强度。和前角一样，主切削刃上各个点的后角不一样，外缘处最小一般为8°～12°，靠近钻心处的后角最大，一般为20°～26°

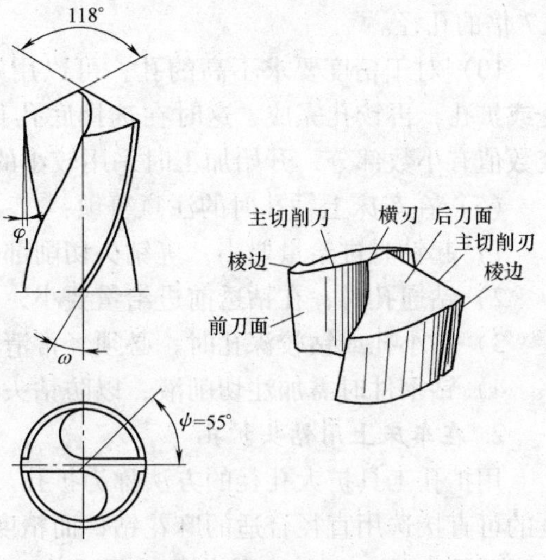

图5-2　麻花钻的几何角度

（3）麻花钻的缺点　横刃过长，横刃前角为负值，钻削时横刃不是切削而是挤压和刮削，消耗能量大，产生热量也大，而且轴向抗力大，定心不好，有振动。钻削时，主切削刃长，排屑宽度大，排屑困难，影响切削液进入，易发热磨损。所以常在麻花钻上修磨切削部分，如修磨前刀面，以避免扎刀；修磨棱边，以减少与孔壁的摩擦，提高钻头的寿命；修磨螺旋槽，以利于排屑等。

（4）车床上钻孔的方法：

1）为了防止钻头产生晃动，可以在刀架上加一块挡铁，如图5-3所示，以支持钻头头部，帮助钻头定心（相当于钻套）。其方法是，先将钻头钻入工件端面（少量），然后用挡铁支顶，当钻头逐渐停止晃动时，继续钻削即可。但挡铁不能把钻头顶过工件中心，否则容易折断钻头，当钻头正确定心时，挡铁即可退出。

2）用小麻花钻钻孔时，一般先用中心钻定心，再用钻头钻孔，这样加工的孔，同轴度较好。

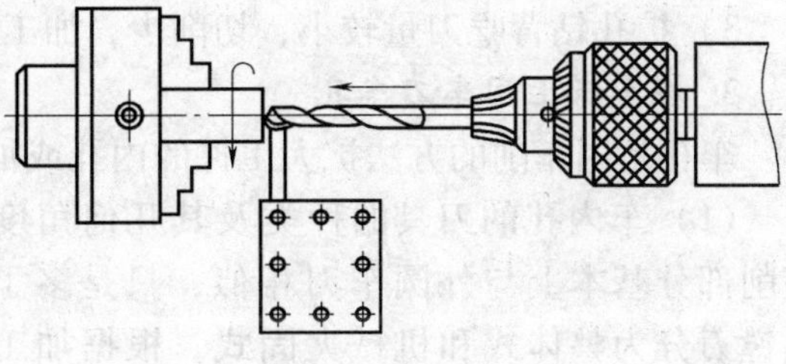

图5-3　挡铁支顶钻孔

3）钻孔时切削用量的选用：钻孔时背吃刀量已由钻头直径确定，选用时只能选择切削速度和进给量，它们也决定了孔壁的质量。钻头直径和转速成反比，钻头越大，转速越低，

4）钻孔时切削液的选用：合理的冷却润滑可提高钻头寿命和孔的质量，一般钻削碳素工具钢使用15%～20%乳化液，钻削青铜使用7%～10%乳化液，而钻削铸铁和黄铜不加切削液。

5）钻孔前先车削工件端面，中心不能有小凸头，否则会影响定心。

6）尾座找正，使中心钻对准工件中心，否则会将孔径扩大，或使钻头折断。

7）车床上钻不通孔深度的确定：在开始钻削时，摇动尾座手柄，当钻尖切入工件端面时，用金属直尺测量尾座套筒的长度来确定起始位置，即钻孔深度就是尾座套筒伸出的长度。

8）用小直径麻花钻钻孔时，钻前必须在端面上钻出中心孔，以便于定心，且钻出的孔同轴度有保障。

9）在车床上钻较大孔时（一般指ϕ30mm以上），先钻底孔再扩孔，底孔一般为0.5～

0.7 倍的孔径。

10）对于精度要求不高的孔，可以用麻花钻直接钻出。精度要求较高时，必须经过钻孔或扩孔，再铰孔完成，这时在选择底孔直径时应注意精加工余量（这就是为什么钻头直径数值有小数部分，开始加工时采用较小的尺寸可留出足够的精加工余量）。

（5）在车床上钻孔时的注意事项：

1）起钻时进给量要小，等钻头切削部分全部进入工件后才可以进行正常钻削。

2）钻通孔时，在钻透前进给量要小，防止钻头折断。

3）钻小孔或钻较深孔时，必须经常清除切屑，防止因切屑过多而造成钻头折断。

4）钻钢件时需加注切削液，以防钻头发热退火。

2. 在车床上用钻头扩孔

用扩孔工具扩大孔径的方法称为扩孔。在车床上常用的刀具有扩孔钻和麻花钻，一般精度的可直接选用直径合适的麻花钻，而精度较高时，则选用扩孔钻。用扩孔钻扩孔常用作精加工前的半精加工，它的作用主要是校正孔的轴向偏差，使其得到较高的几何精度，如圆度。

（1）扩孔钻的分类

1）按扩孔钻切削部分的材料分：有高速钢扩孔钻和硬质合金扩孔钻。

2）按扩孔钻柄部的形状分：有直柄扩孔钻和锥柄扩孔钻。

（2）扩孔钻的特点

1）扩孔钻通常有 3~4 个切削刃，导向好，切削平稳。

2）扩孔钻没有横刃，避免了切削不利。

3）扩孔钻背吃刀量较小，切削少，加工质量较好，

3. 在车床上用车刀车孔

车孔是用车削的方法扩大工件的内孔或加工空心工件的内表面的方法。

（1）车内孔的刀具的种类及其几何角度　内孔车刀通常采用内孔镗刀。内孔镗刀的切削部分基本上与外圆车刀相似，只是多了一个弯头。根据刀片和刀杆的固定形式，内孔镗刀分为整体式和机械夹固式。根据加工对象的不同，内孔镗刀又有通孔镗刀和不通孔镗刀等。

1）整体式镗刀。整体式镗刀一般采用高速钢和硬质合金两种材质。高速钢整体式镗刀的刀头、刀杆都由高速钢制成。硬质合金整体式镗刀只在切削部分焊接一块合金刀头片，其余部分都由碳素钢制成，如图 5-4 所示。

2）机械夹固式镗刀　机械夹固式镗刀（图 5-5）由刀排、小刀头、紧固螺钉组成，其优点是能增加刀杆强度，节约刀杆材料，既可安装高速钢刀头，也可安装硬质合金刀头，使用时可根据孔径选择刀排，因此比较灵活方便。

3）通孔镗刀和不通孔镗刀。通孔镗

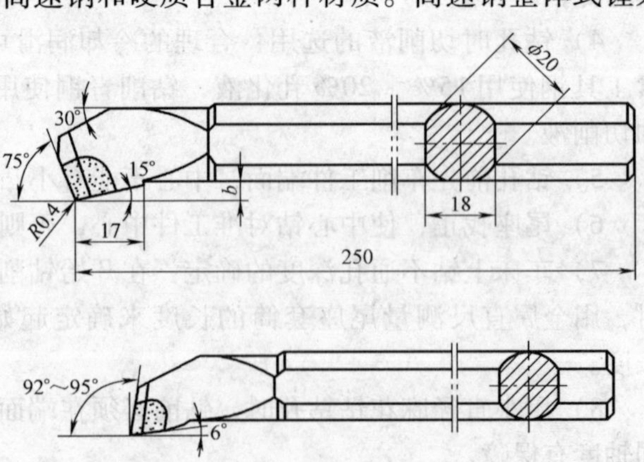

图 5-4　整体式镗刀

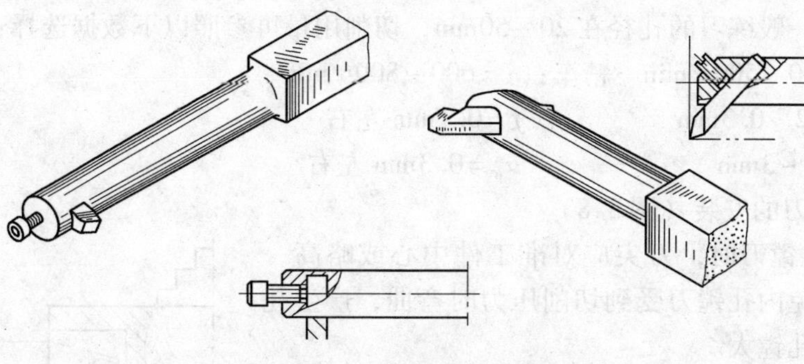

图 5-5　机械夹固式镗刀

刀和不通孔镗刀的区别在于主偏角的不同，如图 5-6 所示。

通孔镗刀主偏角为45°~75°，副偏角为10°~45°，后角为8°~12°。为了防止后刀面与孔壁摩擦，也可磨成双重后角，如图 5-7a 所示。

不通孔镗刀主偏角为 90°~93°，副偏角为 3°~6°，后角为6°~12°，如图 5-7b 所示。

前角一般在主切削刃方向刃磨，对纵向切削有利。若在轴向方向磨前角，则对横向切削有利。

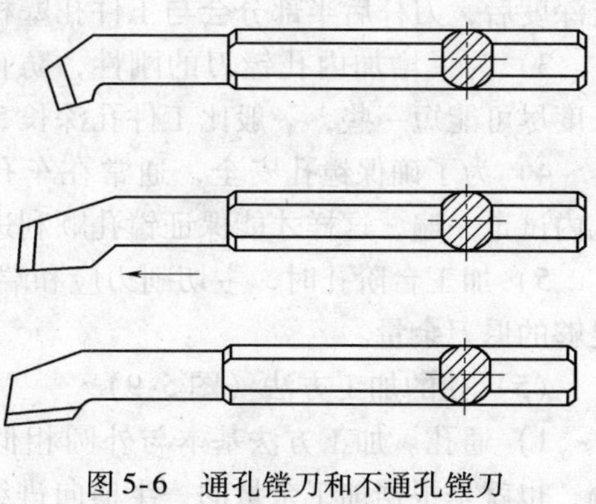

图 5-6　通孔镗刀和不通孔镗刀

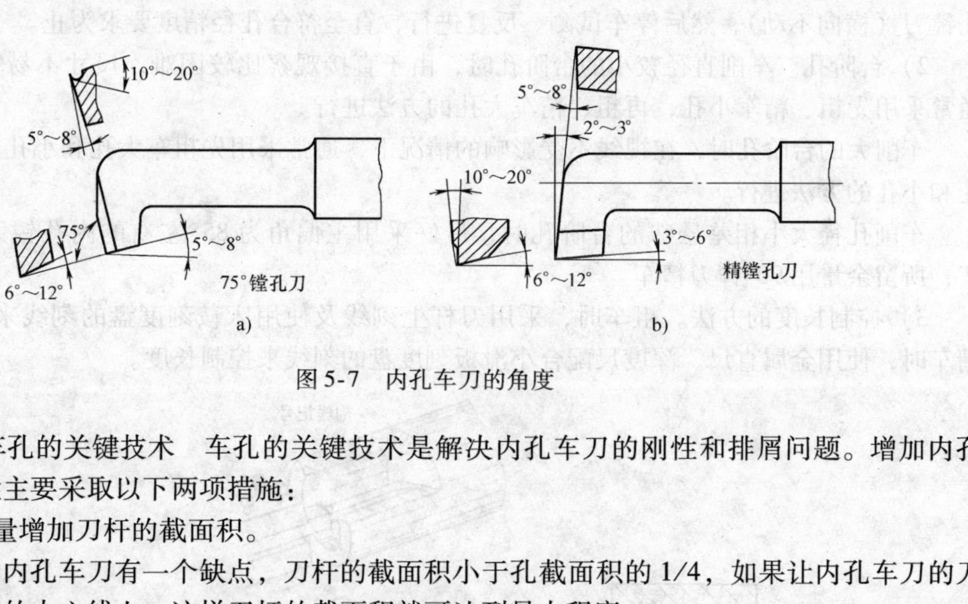

图 5-7　内孔车刀的角度

（2）车孔的关键技术　车孔的关键技术是解决内孔车刀的刚性和排屑问题。增加内孔车刀的刚性主要采取以下两项措施：

1）尽量增加刀杆的截面积。

一般的内孔车刀有一个缺点，刀杆的截面积小于孔截面积的 1/4，如果让内孔车刀的刀尖位于刀杆的中心线上，这样刀杆的截面积就可达到最大程度。

2）刀杆的伸出长度尽可能缩短

刀杆伸出太长会降低刀杆刚性，容易引起振动。因此，为了增加刀杆刚性，刀杆伸出长度只要略大于孔深即可，而且要求刀杆的伸长能根据孔的深度加以调整。

（3）切削用量的选择　切削时，由于车刀刀尖先切入工件，因此其受力较大，再加上刀尖本身强度差，所以容易碎裂；其次由于刀杆细长，在切削力的影响下，背吃刀量过大，容易弯曲振动。一般练习的孔径在 20 ~ 50mm，切削用量可参照以下数据选择：

粗车：$n = 400 \sim 500\text{r/min}$　精车：$n = 600 \sim 800\text{r/min}$

$f = 0.2 \sim 0.3\text{mm}$　　$f = 0.1\text{mm}$ 左右

$a_p = 1 \sim 3\text{mm}$　　$a_p = 0.3\text{mm}$ 左右

（4）内孔镗刀的安装（图 5-8）

1）安装内孔镗刀时，刀尖应对准工件中心或略高一些，这样可以避免内孔镗刀受到切削压力时弯曲，产生扎刀现象，从而把孔镗大。

2）内孔镗刀的刀杆应与工件轴线平行，否则车到一定深度后，刀杆后半部分会与工件孔壁相碰。

3）为了增加内孔镗刀的刚性，防止振动，刀杆伸出长度尽可能短一些，一般比工件孔深长 5 ~ 10mm。

4）为了确保镗孔安全，通常在车孔前把内孔镗刀在孔内试走一遍，这样才能保证镗孔顺利进行。

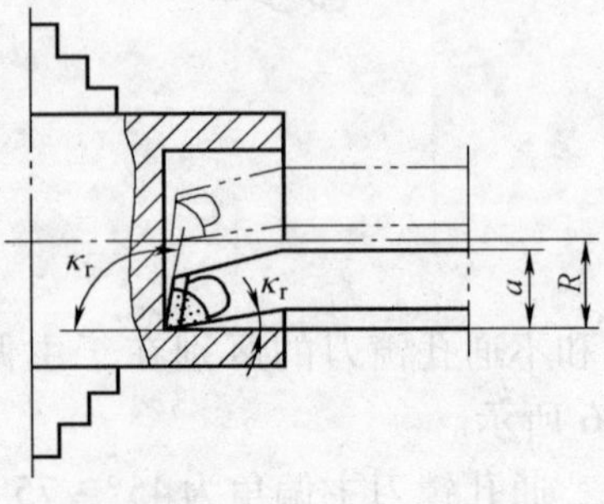

图 5-8　内孔镗刀的安装

5）加工台阶孔时，主切削刃应和端面成 3° ~ 5°的夹角，在车削内端面时，要求横向有足够的退刀余量。

（5）孔的加工方法（图 5-9）

1）通孔。加工方法基本与外圆相似，只是进给方向相反。粗精车都要进行试切和试测，也就是根据加工余量的一半横向进给，当内孔镗刀纵向切削至 2mm 左右时纵向退出内孔镗刀（横向不动），然后停车试测。反复进行，直至符合孔径精度要求为止。

2）台阶孔。车削直径较小的台阶孔时，由于直接观察比较困难，尺寸不易掌握，所以通常采用先粗、精车小孔，再粗、精车大孔的方法进行。

车削大的台阶孔时，在视线不受影响的情况下，通常采用先粗车大孔和小孔，再精车大孔和小孔的方法进行。

车削孔径大小相差悬殊的台阶孔时，最好采用主偏角为 85°左右的内孔镗刀先进行粗车，所留余量用 90°镗刀精车。

3）控制长度的方法。粗车时，采用刀杆上刻线及使用床鞍刻度盘的刻线来控制长度。精车时，使用金属直尺、深度尺配合小滑板刻度盘的刻线来控制长度。

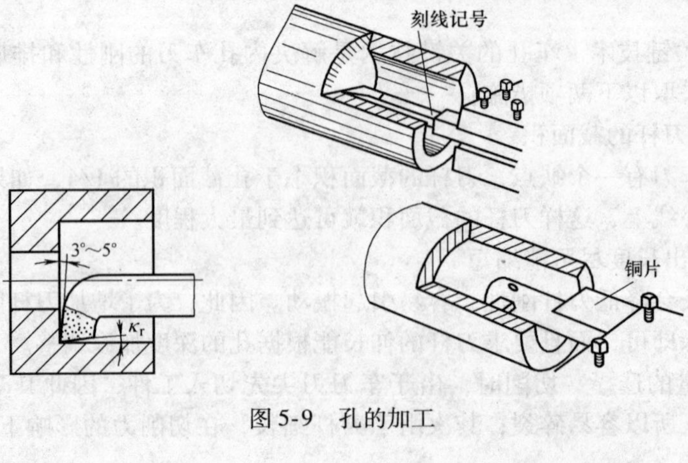

图 5-9　孔的加工

4）切削用量的选择。切削时，由于内孔镗刀刀尖先切入工件，因此其受力较大，再加上刀尖本身强度差，所以容易碎裂。其次由于刀杆细长，在切削力的影响下，背吃刀量过大，内孔镗刀容易弯曲振动。一般练习的孔径在 ϕ（20～50）mm 之间，切削用量可参照以下数据选择：

粗车：$n=400\sim500\text{r/min}$　精车：$n=600\sim800\text{r/min}$

$f=0.2\sim0.3\text{mm}$　$f=0.1\text{mm}$ 左右

$a_p=1\sim3\text{mm}$　$a_p=0.3\text{mm}$ 左右

（6）注意事项

1）加工过程中应注意中滑板退刀方向与车外圆时相反。

2）孔的内端面要平直，孔壁与内端面相交处要清角，防止出现凹坑和小台阶。

3）精车内孔时，应保持车刀锋利。

4）车小直径不通孔时，应注意排屑，否则由于铁屑阻塞，会造成车刀损坏或扎刀，把孔车废。

5）根据余量大小合理分配背吃刀量，力争快、准。

【技能训练】

用 CA6140A×1000 型车床，加工如图 5-10 所示的端套，并达到图样所示的精度要求。端套毛坯材料为 45 钢，尺寸为 ϕ45mm×40mm。

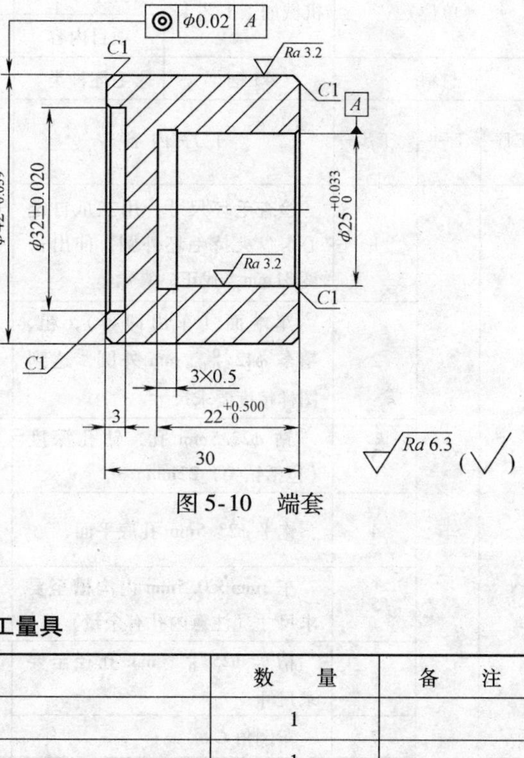

图 5-10　端套

1. 训练要求

1）时间：1h。

2）机床各手柄调整正确，站立位置正确。

3）教学组织要求：每人使用一台车床，一套工具、量具，一块毛坯材料，按操作步骤来组织学习。

2. 训练内容

加工零件如图 5-10 所示。

3. 工量具（表 5-1）

表 5-1　工量具

名　称	规格型号	数　量	备　注
游标卡尺	150mm，0.02mm	1	
外径千分尺	25～50mm，0.01mm	1	
内径百分表	18～35mm，0.01mm	1	
塞规	ϕ32H8 塞规	1	
刀台扳手	配 CA6140 车床	1	
卡盘扳手	配 CA6140 车床	1	
叉口扳手	17～19mm	1	

（续）

名　称	规格型号	数　量	备　注
活扳手	250mm	1	
钻夹头	莫氏5# ϕ13mm	1	
活顶尖	莫氏5#	1	
45°车刀	25mm×25mm	1	
90°偏刀	25mm×25mm	1	
内孔车刀	ϕ25mm×25mm，ϕ25mm×30mm	1	
内切槽刀	ϕ25mm×25mm，宽3mm	1	
锪孔钻	ϕ23.5mm	1	
锥钻	ϕ23.5mm	1	

【操作步骤】

1）根据图样分析，编写加工工艺，填写加工工艺卡（表5-2）。

表5-2　端套加工工艺卡

（单位）		机械加工工艺卡		项目序号	5	图号	5-10	实训班级	
				项目内容		成形面加工		零件名称	端套
材料		45钢		毛坯种类		热轧圆钢		毛坯尺寸	ϕ45mm×40mm

工序	工种	工步	工序内容	车间	设备	工装：夹具	工装：刃具	工装：量具
1	车	1	检查毛坯尺寸，用三爪自定心卡盘夹持毛坯外圆，伸出长度31mm，找正、夹紧		CA6140A	卡盘、顶尖装夹		游标卡尺
		2	车端面（车出即可），粗、精车 $\phi42_{-0.039}^{0}$ mm 外圆，达到图样精度要求尺寸		CA6140A		45°车刀、90°偏刀	游标卡尺、千分尺
		3	钻 ϕ23.5mm 孔，钻孔深度（包括钻尖）22mm		CA6140A		ϕ23.5mm 钻头	
		4	锪平 ϕ23.5mm 孔底平面		CA6140A		ϕ23.5mm 锪孔钻	
		5	车3mm×0.5mm 内沟槽至要求尺寸（注意内孔有余量）		CA6140A		内沟槽车刀	
		6	精车 $\phi25_{0}^{+0.033}$ mm 孔径至要求尺寸		CA6140A		车孔刀	内径百分表
		7	车倒角 $C1$		CA6140A		45°车刀	
2		1	调头装夹（垫铜皮）并找正，车端面至总长尺寸30mm		CA6140A		45°车刀	游标卡尺
		2	粗、精车 ϕ32 +0.02mm 不通孔，车削深度3mm		CA6140A		90°偏刀	游标卡尺，塞规
		3	车倒角 $C1$		CA6140A		45°车刀	
3			检查					

2）装夹毛坯，安装刀具，调整机床。

3）按工时进行加工。

4）加工完毕，检验加工精度并交件。

【考核标准】（表5-3）

表5-3　考核表

姓名		班级		实训项目		零件编号	5-1
序号	考核项目	考核要求		评分标准	配分	检测结果	得分
		尺寸精度	表面粗糙度				
1	外尺寸（18分）	$\phi42_{-0.039}^{\ 0}$mm	$Ra3.2\mu m$	超差全扣	10		
		$\phi30$mm		超差全扣	8		
2	内尺寸（46分）	ϕ（32±0.020）mm		超差全扣	10		
		$\phi25_{\ 0}^{+0.033}$mm	$Ra3.2\mu m$	超差全扣	10		
		$22_{\ 0}^{+0.500}$mm		超差全扣	10		
		3mm		超差全扣	8		
		3mm×0.5mm		超差全扣	8		
3	倒角（16分）	C1 4处		超差全扣	16		
	其他（10分）	◎ ϕ0.02 A		超差全扣	10		
4	安全文明生产（10分）	1. 车床安全操作规程 2. 工、夹、刀、量具放置及使用规范 3. 机床维护保养 4. 工作场地清理			10		
5	按时完成工件	1. 超时10min，扣5分 2. 超时20min，扣10分 3. 超时30min，不得分					
6	总配分（100分）						
工时定额		1h		指导教师			

【拓展练习】

（一）理论练习题

1. 选择题

（1）以外圆为基准保证工件的位置精度时，一般选用（　　）装夹工件。

A. 软卡爪　　B. 一夹一顶　　C. 小锥度心轴　　D. 螺纹心轴

（2）（　　）形状可以根据工件形状的需要进行加工。

A. 软卡爪　　B. 三爪自定心卡盘

C. 四爪单动卡盘　　D. 花盘

（3）套类工件的车削要比车削轴类难，主要原因有很多，其中之一是（　）。

A. 套类零件装夹时容易产生变形　B. 车削位置精度高

C. 其切削用量比轴类高　D. 同轴度要求不高

（4）车削同轴度要求较高的套类零件时，可采用（　）。

A. 台阶式心轴　B. 小锥度心轴　C. 涨力心轴　D. 径向轴

（5）采用软卡爪反撑内孔装夹工件，车削软卡爪时，定位圆环应放在卡爪的（　）。

A. 里面　B. 外面　C. 外面、里面都可以　D. 端部

（6）通常把（　）的零件作为套类零件。

A. 圆柱孔　B. 孔　C. 圆锥孔　D. 槽

（7）扩孔钻可对孔进行（　）加工。

A. 超精　B. 粗　C. 精　D. 半精

（8）不通孔车刀刀尖在刀杆的最前端，刀尖与刀杆外端的距离应（　），否则孔的底平面就无法车平。

A. 大于内孔半径　B. 小于内孔半径　C. 大于内孔直径　D. 小于内孔直径

（9）车孔的关键技术是解决内孔（　）问题。

A. 车刀的刚性　B. 排屑　C. 车刀的刚性和排屑　D. 车刀的刚性和冷却

2. 简答题

套类零件有哪些技术要求?

（二）技能练习题

加工如图5-11所示的零件，具体要求如下：

（1）时间：3.5h。

（2）巩固练习车削外圆、内孔、台阶、内沟槽、外沟槽等技能。

（3）掌握车削加工过程中，达到图样要求的尺寸精度、几何精度所需的正确加工方法。

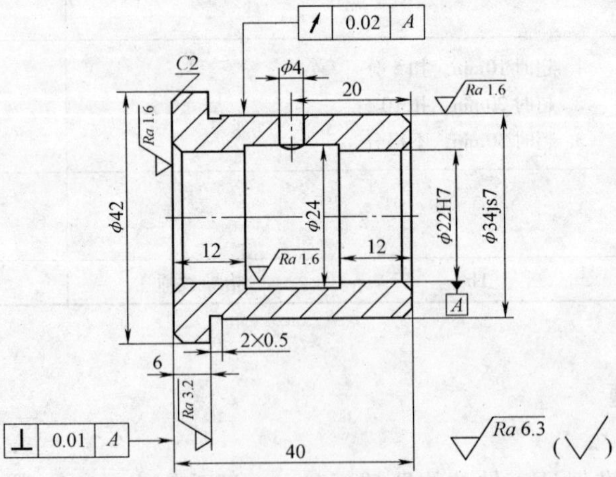

图5-11　轴承套

课题六　车削圆锥类零件

【学习目标】

（1）掌握转动小滑板车削外圆锥体的方法。

（2）会根据工件的锥度计算和调整小滑板的旋转角度。

（3）掌握锥度检测方法，会用游标万能角度尺测量锥体。

【相关知识】

1. 圆锥知识

（1）圆锥面的应用及特点　在机床和工具中，有许多使用圆锥面配合的场合，圆锥面具有配合紧密、定位准确、装卸方便等优点，即使发生磨损，仍能保持精密定心和配合作用，因此应用广泛，如车床主轴孔与顶尖的配合，车床尾座锥孔与麻花钻锥柄的配合等。常见的圆锥零件有锥齿轮、锥形主轴、带锥孔的齿轮、锥形手柄等。

圆锥面配合的主要特点是：当锥角较小时，可以传递很大的转矩；具有较高的同轴度，能做到无间隙配合等。

加工圆锥面，除了尺寸精度、几何精度和表面粗糙度具有较高的要求外，还有角度（或锥度）的精度要求。对于精度要求较高的圆锥面，常用涂色法检验，其精度以接触面积的大小来评定。

（2）圆锥各部分名称　圆锥各部分名称如图 6-1 所示。

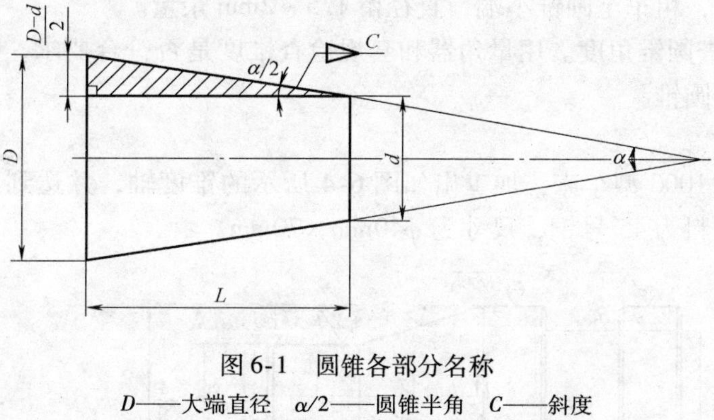

图 6-1　圆锥各部分名称

D——大端直径　α/2——圆锥半角　C——斜度

d——小端直径　L——圆锥长度　α——圆锥角

圆锥各部分的计算公式如下：

$$C=(D-d)/L$$

$$D=d+2L\tan(\alpha/2)$$

$$d=D-2L\tan(\alpha/2)$$

在车床上加工外圆锥面的方法有很多种，如转动小滑板法（图 6-2）、偏移尾座法（图 6-3）、靠模法等，可根据车床条件不同选择合适的车削方法，这里仅介绍最常用的一种车削方法：转动小滑板法车圆锥面。

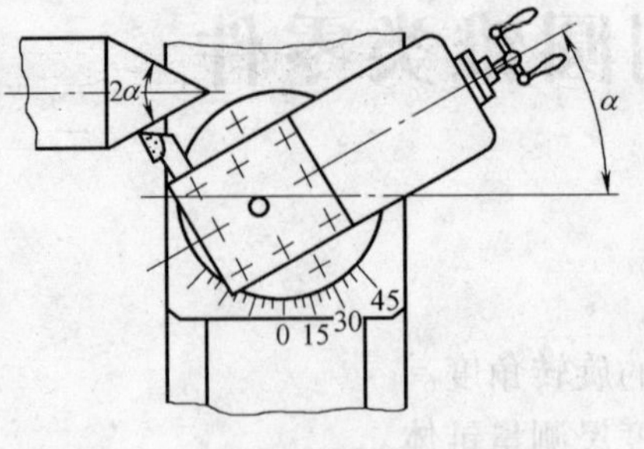

图 6-2　转动小滑板法车圆锥面

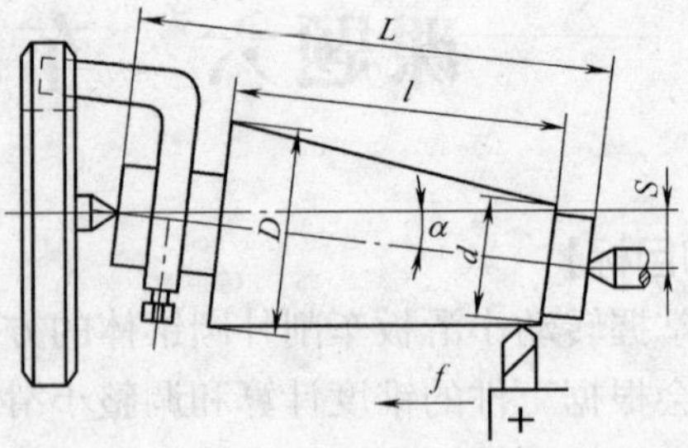

图 6-3　偏移尾座法车圆锥面

车削长度较短或者锥度较大的圆锥时常采用转动小滑板法，这种方法操作简单，能保证一定的加工精度，所以应用广泛。车削时只要将小滑板按图样要求转动一定角度，即可车出所需要的圆锥面。这种方法的优点是能车削内、外圆锥面和角度范围很大的工件，但只能用手动进给，劳动强度较大，表面质量也很难保证，且由于受小滑板行程限制，因此只能加工圆锥面不长的工件。

2. 用转动小滑板法车削外圆锥面的操作步骤

1）按照图样计算转动小滑板角度，并换算成圆锥素线和主轴线的夹角。若算出角度不是整数，可用估计法试切找正。

2）确定小滑板的行程大于圆锥加工的长度。将小滑板后退至工作行程的起点，试移动小滑板一个行程，以检查是否具有足够的工作行程。

3）端面中心对刀、找正，通过调整垫片厚度达到对准中心的目的。

4）粗车圆锥。粗车时应找正圆锥的角度，中滑板向前进给调整背吃刀量后开动机床，背吃刀量逐渐减小，粗车至圆锥小端，直径留 1.5～2mm 余量。

5）粗车后检查圆锥角度。用量角器和套规检查锥度是否符合要求，根据测量情况调整小滑板角度，精车圆锥。

【技能训练】

用 CA6140A×1000 型车床，加工出如图 6-4 所示的锥度轴，并达到图样所示的精度要求。锥度轴毛坯材料为 45 号钢，尺寸为 ϕ40mm×70mm。

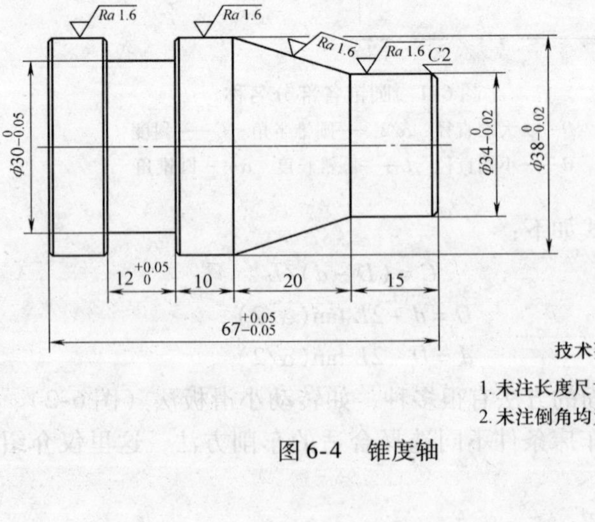

技术要求

1. 未注长度尺寸公差为IT12。
2. 未注倒角均为C0.5。

图 6-4　锥度轴

1. 要求

1）时间：6h。

2）机床各手柄调整正确，站立位置正确，且加工出的各个尺寸达到加工精度要求。

3）教学组织要求：每人使用一台车床，各发放一套工量具、一块毛坯材料，按照操作步骤组织学习。

2. 训练内容

加工零件如图6-4所示。

3. 工量具（表6-1）

表6-1　工量具

名　称	规格型号	数　量	备　注
游标卡尺	150mm，0.02mm	1	
外径千分尺	25～50mm，0.01mm	各1	
刀台扳手	配CA6140A车床	1	
卡盘扳手	配CA6140A车床	1	
叉口扳手	17～19mm	1	
活扳手	250mm	1	
45°车刀	25mm×25mm	1	
90°偏刀	25mm×25mm	1	
切断刀	25mm×25mm	1	

【操作步骤】

1）根据图样分析，编写加工工艺，填写加工工艺卡（表6-2）。

表6-2　锥类零件加工工艺卡

<table>
<tr><td colspan="3" rowspan="2">（单位）</td><td rowspan="2">机械加工工艺卡</td><td>课题序号</td><td>6</td><td>图号</td><td>6-4</td><td>实训班级</td><td colspan="2"></td></tr>
<tr><td colspan="2">课题内容</td><td colspan="2">锥类零件加工</td><td>零件名称</td><td colspan="2">锥度轴</td></tr>
<tr><td colspan="3">材　料</td><td>45钢</td><td colspan="2">毛坯种类</td><td colspan="2">热轧圆钢</td><td>毛坯尺寸</td><td colspan="2">ϕ40mm×70mm</td></tr>
<tr><td rowspan="2">工序</td><td rowspan="2">工种</td><td rowspan="2">工步</td><td rowspan="2">工 序 内 容</td><td rowspan="2">车间</td><td rowspan="2">设备</td><td colspan="5">工　装</td></tr>
<tr><td colspan="3">夹　具</td><td>刀　具</td><td>量　具</td></tr>
<tr><td rowspan="3">1</td><td rowspan="3">车</td><td>1</td><td>用三爪自定心卡盘夹持毛坯一端，伸出长度35mm，车削端面，总长留1～2mm余量；粗车$\phi 38_{-0.02}^{0}$mm×33mm，直径留1～2mm余量</td><td rowspan="3"></td><td rowspan="3">CA6140</td><td colspan="3" rowspan="3">三爪自定心卡盘</td><td>90°偏刀、45°车刀</td><td>游标卡尺</td></tr>
<tr><td>2</td><td>精车$\phi 38_{-0.02}^{0}$mm外圆的长度33mm至图样尺寸精度</td><td>90°偏刀</td><td>游标卡尺、千分尺</td></tr>
<tr><td>3</td><td>用切断刀精车直径为$\phi 30_{-0.005}^{0}$mm，槽宽为$12_{0}^{+0.05}$mm，并达到图样精度要求，车倒角C0.5三处</td><td>切断刀、45°车刀</td><td>游标卡尺、千分尺</td></tr>
</table>

（续）

工序	工种	工步	工序内容	车间	设备	工装		
						夹具	刀具	量具
2	车	1	调头夹持 $\phi38_{-0.02}^{0}$ mm 处（垫铜皮）并找正，车削端面，保证总长尺寸达到（67 ± 0.05）mm		CA6140	三爪自定心卡盘	45°车刀	游标卡尺、千分尺
		2	粗、精车 $\phi34_{-0.02}^{0}$ mm × 15mm 至图样尺寸				90°偏刀	游标卡尺、千分尺
		3	根据计算锥度，调整转盘，用转动小滑板法车削锥度，车削倒角 $C0.5$				90°偏刀	游标卡尺、千分尺、万能角度尺
		4	车倒角 $C0.5$				45°车刀	

2）装夹毛坯，安装刀具，调整机床。

3）按工时进行加工。

【考核标准】（表 6-3）

表 6-3　考核表

序号	项目及技术要求	配分	评分标准	检测结果	实得分
1	$\phi38_{-0.02}^{0}$ mm	15	每超 0.01mm 扣 2 分		
2	$\phi34_{-0.02}^{0}$ mm	15	每超 0.01mm 扣 2 分		
3	$\phi30_{-0.05}^{0}$ mm	15	每超 0.01mm 扣 2 分		
4	20mm	6	按 IT12 检验，超差全扣		
5	10mm	6	按 IT12 检验，超差全扣		
6	15mm	6	按 IT12 检验，超差全扣		
7	$12_{0}^{+0.05}$ mm	15	每超 0.01mm 扣 2 分		
8	$67_{-0.05}^{+0.05}$ mm	15	每超 0.01mm 扣 2 分		
9	倒角 $C1$	1×4	超差全扣		
10	$Ra1.6\mu m$（3 处）	1×3=3	超差全扣		
11	文明生产		只扣分，不加分		

【拓展练习】

（一）理论练习题

填空题

（1）通过圆锥轴线的截面所包含的两条素线间的夹角称为（　　）。

（2）圆锥面配合当圆锥角在（　　）时，可传递较大转矩。

（3）莫氏圆锥号数不同，锥度角（　　）。

（4）加工锥度较大、长度较短的圆锥面，常采用（　　）法。

（5）偏移尾座法可加工（　　）的圆锥。

（二）技能练习题

按照技术要求，车削如图6-5、图6-6所示工件，具体要求如下：

（1）工件各尺寸精度、几何精度、表面粗糙度达到图样规定要求。

（2）能够按照所给尺寸计算两个锥度，并达到加工要求。

（3）未注公差尺寸按照IT14加工。

（4）不准使用砂布、油石等辅助工具打光工件加工表面。

（5）工时3h，不得超时。

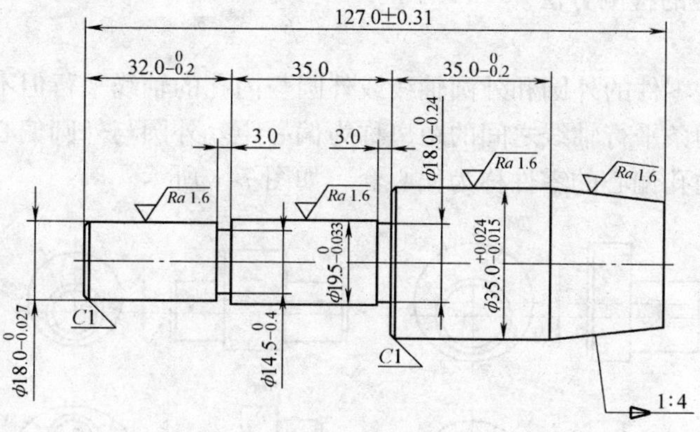

图6-5　圆锥销

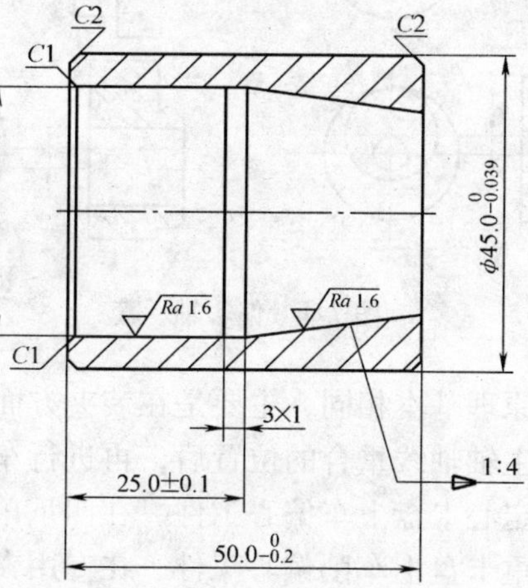

图6-6　圆锥套

课题七　车削偏心工件

【学习目标】

（1）掌握在三爪自定心卡盘上垫垫片车削偏心工件的方法。

（2）掌握偏心距的检测方法。

【相关知识】

偏心工件指的是零件的外圆和外圆轴线或外圆与内孔的轴线平行但不重合，而是偏移一定距离的工件。这两条平行轴线之间的距离称为偏心距。外圆与外圆偏心的零件称为偏心轴或偏心盘，外圆与内孔偏心的零件称为偏心套，如图 7-1 所示。

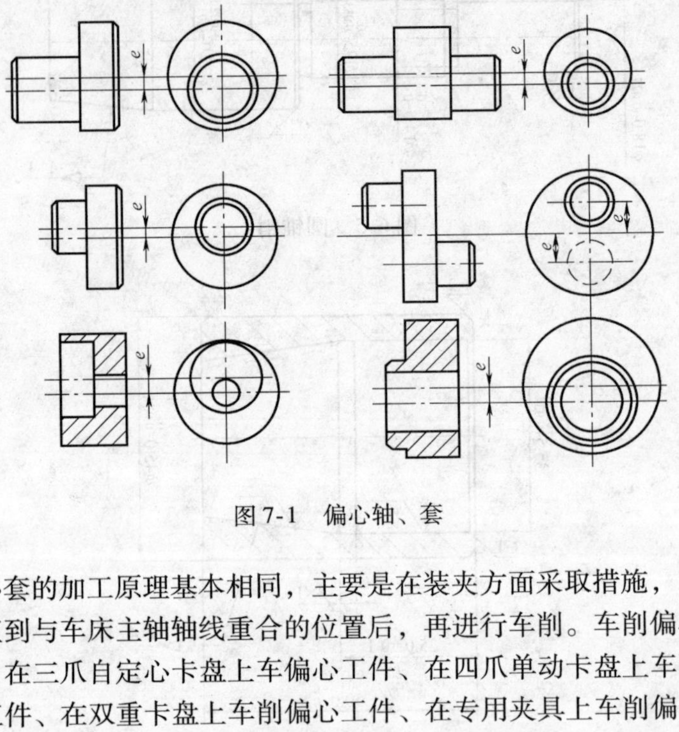

图 7-1　偏心轴、套

偏心轴、偏心套的加工原理基本相同，主要是在装夹方面采取措施，即将需要加工偏心圆部分的轴线校正到与车床主轴轴线重合的位置后，再进行车削。车削偏心工件的传统方法大致有以下几种：在三爪自定心卡盘上车偏心工件、在四爪单动卡盘上车削偏心工件、在两顶尖间车削偏心工件、在双重卡盘上车削偏心工件、在专用夹具上车削偏心工件。本课题只重点介绍三爪自定心卡盘车削偏心工件的方法。

1. 偏心工件的车削方法

在开始车偏心工件前，车刀应先远离工件后再起动车床主轴，车刀刀尖从偏心的最外一点逐步切入工件。为确保偏心零件使用中的工作精度，加工时的关键要求是控制好轴线间的平行度和偏心距精度。

（1）在四爪单动卡盘上车削偏心工件　当工件数量较少，长度较短，不便于在两顶尖上装夹时，可用四爪单动卡盘装夹。这样不仅能使工件孔的中心线和车床主轴轴线重合，而且还可夹持方形零件和高精度要求的工件。

（2）在三爪自定心卡盘上车削偏心工件　对于长度较短、形状比较简单且加工数量较多的偏心工件，可以在三爪自定心卡盘上进行装夹。先把偏心工件中的非偏心部分的外圆车好，然后在卡盘任意一个卡爪与工件接触面之间，垫上一块预先选好厚度的垫片，使工件轴线相对车床主轴轴线产生位移，并使位移距离等于工件的偏心距，之后校正母线与偏心距，并把工件夹紧后，即可车削。垫片厚度为：

$$x = 1.5e + k$$

$$k \approx 1.5\Delta e$$

$$\Delta e = e - e_{测}$$

式中　e——工件偏心距（mm）；

k——偏心距修正值，正负按实测结果确定；

Δe——试切后的实测偏心距误差（mm）；

$e_{测}$——试切后的实测偏心距（mm）。

2. 在三爪自定心卡盘上车削偏心工件的注意事项

1）为了保证偏心轴两轴线的平行度，工件装夹后，需要用百分表找正工件的上素线和侧面素线，使偏心轴线与基准轴线平行。

2）选择垫片的材料应有一定硬度，以防止在装夹时发生变形。

3）卡爪表面应平整，并与车床主轴轴线平行，不能呈锥形，以防工件装夹不牢固，在车削时弹出伤人。

4）由于工件偏心，在开动车床前车刀不能靠近工件，以防工件碰伤刀尖。

在三爪自定心卡盘上车削偏心工件，一般仅适用于精度要求不高，偏心距在10mm以下的短偏心工件。

【技能训练】

用CA6140A×1000型号车床，加工出如图7-2所示的偏心轴，并达到图样所示的精度要求。偏心轴毛坯材料为45钢，尺寸为ϕ40mm×115mm。

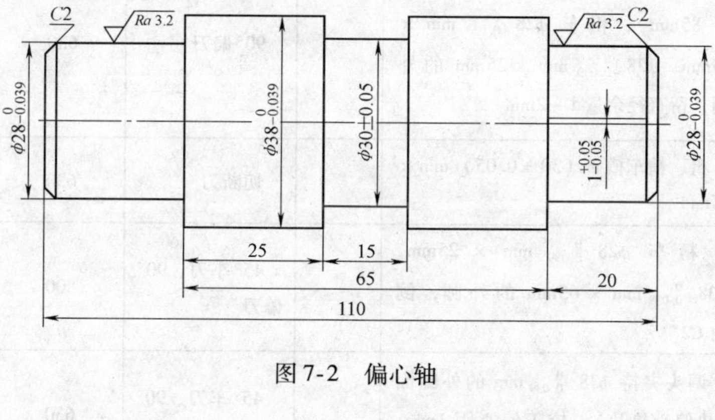

图7-2　偏心轴

1. 训练要求

1）时间：6h。

2）偏心距计算正确，偏心找正迅速、精确。

3）教学组织要求：每人使用一台车床，一套工量具、刃具，一块毛坯材料，按照操作步骤组织学习。

2. 训练内容

加工零件如图 7-2 所示。

3. 工量具（表 7-1）

表 7-1 工量具

名　称	规 格 型 号	数　量	备　注
游标卡尺	150mm，0.02mm	1	
外径千分尺	25～50mm，0.01mm	1	
刀台扳手	配 CA6140 车床	1	
卡盘扳手	配 CA6140 车床	1	
叉口扳手	17～19mm	1	
活扳手	250mm	1	
45°车刀	25mm×25mm	1	
90°偏刀	25mm×25mm	1	
切断刀	25mm×25mm	1	

【操作步骤】

1）根据图样分析，编写加工工艺，填写加工工艺卡（表 7-2）。

表 7-2 偏心轴加工工艺卡

工序号	工步号	工 步 内 容	刀具号	刀 具 规 格	主轴转速 /(r/mm)	进给速度 /(mm/r)	备注
1	1	夹持毛坯一端，车端面，钻 $\phi3$mm 中心孔		45°车刀	800		
2	1	采用一夹一顶方式（伸出长度大于 85mm），粗车 $\phi28_{-0.039}^{0}$ mm × 25mm、$\phi38_{-0.039}^{0}$ mm × 25mm 的外圆，留直径余量 1～2mm		90°偏刀	630	0.25	
	2	粗、精车槽 ϕ（30±0.05）mm × 15mm		切断刀	630		
	3	精车 $\phi28_{-0.039}^{0}$ mm × 25mm、$\phi38_{-0.039}^{0}$ mm × 65mm 的外圆，倒角 $C2$		45°车刀、90°偏刀	800	0.1	
3	1	调头夹持 $\phi38_{-0.039}^{0}$ mm 的外圆面（垫偏心垫片），校正偏心距 1mm，车端面，保证总长尺寸为 110mm		45°车刀、90°偏刀	630	0.1	
	2	粗、精加工 $\phi28_{-0.039}^{0}$ mm × 25mm 外圆，保证偏心距为 1mm		90°偏刀	800	0.1	
	3	倒角 $C2$		45°车刀	800		

2）装夹毛坯，安装刀具，调整机床。

3）按工时进行加工。

【考核标准】（表7-3）

表7-3　考核表

序号	项目及技术要求	配　分	评分标准	检测结果	实得分
1	外径 $\phi38_{-0.039}^{0}$mm 两处	8.7×2	每超0.01mm扣2分		
2	外径 $\phi30_{-0.05}^{+0.05}$mm	17	每超0.01mm扣2分		
3	外径 $\phi28_{-0.039}^{0}$mm（2处）	17	每超0.01mm扣2分		
4	偏心距 $1_{-0.05}^{+0.05}$mm	11	每超0.01mm扣2分		
5	长度尺寸15mm	6	超差全扣		
6	长度尺寸65mm	6	超差全扣		
7	长度尺寸25mm	6	超差全扣		
8	长度尺寸20mm	6	超差全扣		
9	长度尺寸110mm	6	超差全扣		
10	倒角 *C*2（2处）	2×2=2	超差全扣		
11	*Ra*3.2μm（2处）	2×2=2	超差全扣		
12	文明生产				

【拓展练习】

（一）理论练习题

填空题

（1）在四爪单动卡盘上，用百分表找正偏心工件，只能加工偏心距在（　　）mm以内的偏心工件。

（2）用四爪单动卡盘车削偏心轴时，若测得偏心距偏大，可将（　　）卡盘轴线的卡爪再夹紧一些。

（3）用四爪单动卡盘车削偏心套时，若测得偏心距偏大，可将（　　）偏心孔轴线的卡爪再夹紧一些。

（4）找正工件侧面素线时，若工件本身有锥度，找正时应扣除（　　）的锥度值。

（5）用三爪自定心卡盘车削偏心工件时，用近似公式计算垫片厚度，先不考虑修正值，计算垫片厚度为（　　）偏心距。

（二）技能练习题

加工如图7-3、图7-4所示零件，准备工作如下：

（1）材料为45钢，锯断尺寸为 ϕ35mm×37mm、ϕ45mm×165mm，全部倒角均为 *C*2。

（2）准备切削液以及相关工、量、刀具。

考核内容及要求如下：

（1）各零件的尺寸精度、几何精度、表面粗糙度达到图样规定要求。

（2）不准使用偏心夹具车削偏心工件。

（3）未注公差尺寸按IT14加工。

（4）安全文明生产。

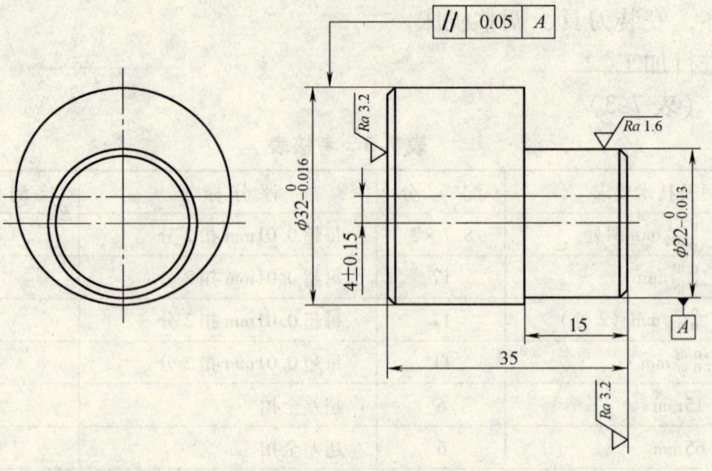

图 7-3　偏心轴

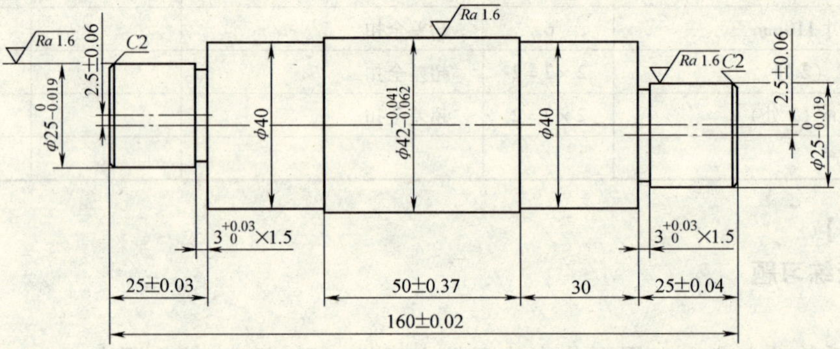

技术要求

1. 两偏心轴平行度误差不大于0.05mm。
2. 两偏心轴之间互成180°±20′。
3. 未注公差按照IT12。
4. 锐角倒钝C0.5。

图 7-4　双偏心轴

课题八　车削成形面

【学习目标】

（1）了解车削成形面的各种方法。

（2）能车削球类工件、曲线手柄等较复杂的成形面。

（3）能根据图样要求，用双手控制法加工出合格的成形面，并能用曲线样板或普通量具检验成形面。

【相关知识】

在机械制造过程中，经常会遇到有些零件的素线不是直线，而是曲线，如单球手柄、三球手柄、摇手柄（图 8-1）及内、外弧形槽等，这些表面就是成形面。

在车床上加工成形面，应根据零件的特点，数量及精度选用不同的加工方法。

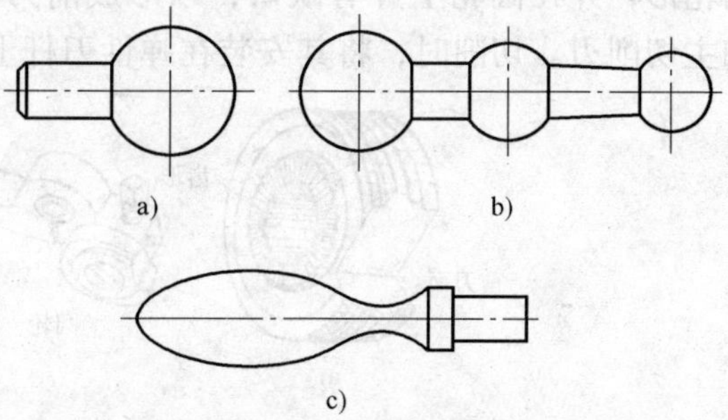

图 8-1　成形面

a）单球手柄　b）三球手柄　c）摇手柄

1. 成形面的车削方法

（1）用双手控制法　车成形面时，双手同时摇动中、小拖板手柄，通过双手的协调动作，使车刀作曲线运动，从而车出成形面。

双手控制法车成形面的特点是灵活、简单、方便，不需要其他的辅助工具，但是，加工零件的质量，完全依靠操作者的技能水平，加工难度大、效率低、精度不高、表面质量差，因此，这种方法只适用于精度要求不高、单件或小批量生产的产品。

单球手柄车削过程中，球状部分长度为 L，如图 8-2a 所示。在直角三角形 $\triangle AOB$ 中，其球状部分长 L 的计算公式是：

$$L=\frac{1}{2}\left(D+\sqrt{D^2+d^2}\right)$$

式中：

L——球状部分长度（mm）；

D——圆球直径（mm）；

d——柄部直径（mm）。

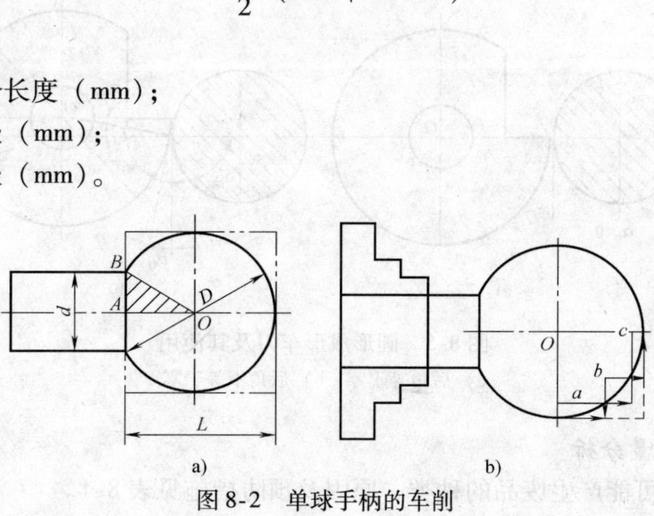

图 8-2　单球手柄的车削

（2）用成形车刀车成形面　把切削刃形状磨成和工件成形面形状相似的车刀称为成形车刀（也称为样板车刀）。车削大圆角、内外圆弧槽、曲面狭窄而变化较大或数量较多的成形面工件时，常采用成形车刀车削法。其加工精度主要靠刀具保证。由于车削时接触面较大，切削力也较大，易出现振动和工件移位，因此，车削时要求选择较低的主轴转速，工件装夹要牢固。

1）整体式普通成形车刀　这种成形车刀与普通车刀相似，如图 8-3 所示，精度要求不高时，可用样板检测，手工在砂轮上刃磨；精度要求较高时，可在工具磨床上刃磨。

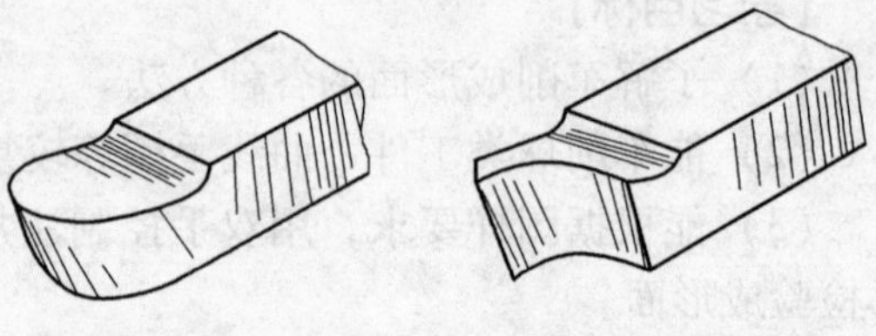

图 8-3　整体式普通成形车刀

2）圆形成形车刀。这种成形车刀制作成圆轮形，并在圆轮上开有缺口，以形成前刀面和主切削刃。切削时，将其安装在弹性刀杆上，以减少振动，如图 8-4 所示。

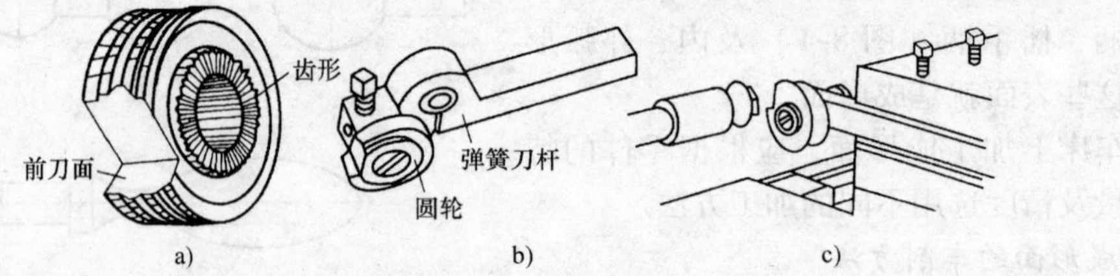

图 8-4　圆形成形车刀

圆形成形车刀的主切削刃必须低于圆轮中心，否则后角等于零度，不能进行正常切削。主切削刃低于中心的距离 H 如图 8-5 所示，可按下列公式计算：

$$H = \frac{D}{2}\sin\alpha_o$$

式中　H——切削刃低于中心的距离（mm）；

D——圆形成形车刀直径（mm）；

α_o——成形车刀径向后角（°）。

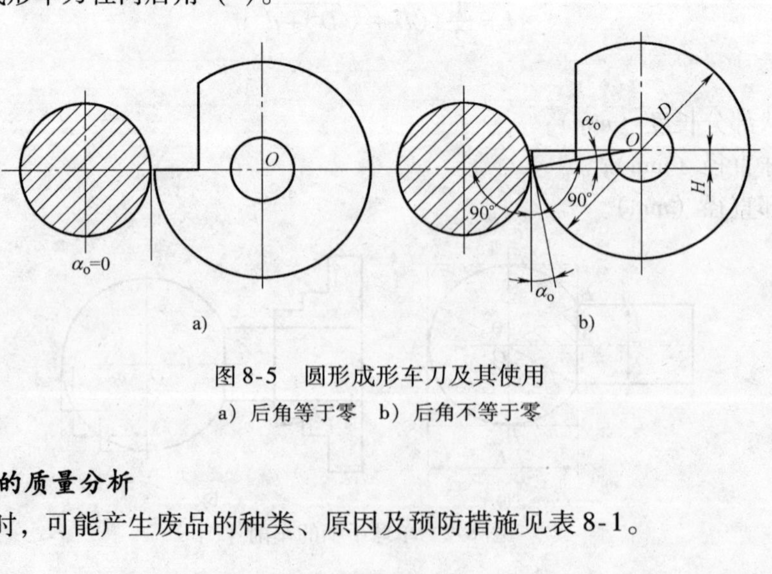

图 8-5　圆形成形车刀及其使用

a）后角等于零　b）后角不等于零

2. 成形面的质量分析

车成形面时，可能产生废品的种类、原因及预防措施见表 8-1。

表 8-1　车成形面时产生废品的种类、原因及预防措施

废品种类	产生原因	预防措施
工件轮廓不正确	1. 用双手控制法车成形面时，双手配合不协调 2. 车刀刀尖与主轴安装不等高 3. 用成形车刀车削成形面时，切削刃刃磨不正确	1. 加强技能练习，达到纵、横向进给协调 2. 调整垫片高度，使车刀刀尖与主轴等高 3. 仔细刃磨车刀
工件表面粗糙	1. 进给量过大 2. 成形车刀接触面过大，产生震动。 3. 刀具几何角度不正确 4. 材料切削性能差 5. 切削液选择不当	1. 减小进给量 2. 加强工件装夹刚度和刀具装夹刚度 3. 正确刃磨刀具 4. 热处理改善材料切削性能 5. 正确选择切削液

3. 注意事项

1）用双手控制法车球面时，应由中间向两边车削，要边车削边用半径样板检测球面形状，同时进行合理的修正。

2）车削过程中，要深刻理解运用双手进给的分析理论，双手协调有序地调整进给速度。

【技能训练】

用 CA6140A × 1000 型车床，加工如图 8-6 所示的三球手柄，并达到图样的精度要求。三球手柄毛坯材料为 45 钢，尺寸为 ϕ35mm × 145mm。

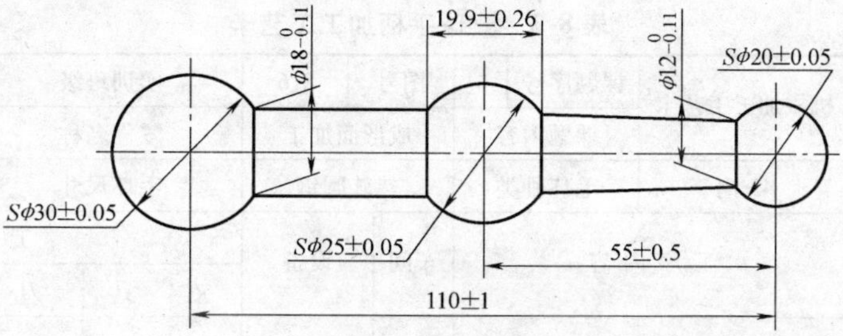

图 8-6　三球手柄

1. 训练要求

1）时间：3h。

2）机床各手柄调整正确，站立位置正确。

3）教学组织要求：每人使用一台车床，一套工具、量具，一块毛坯材料，按操作步骤组织学习。

2. 训练内容

加工如图 8-6 所示的零件。

3. 工量具（表8-2）

表8-2 工量具

名 称	规格型号	数 量	备 注
游标卡尺	150mm，0.02mm	1	
外径千分尺	0~25mm，25~50mm，0.01mm	各1	
半径规	15.5~25mm	1	
刀台扳手	配CA6140车床	1	
卡盘扳手	配CA6140车床	1	
叉口扳手	17~19mm	1	
活扳手	250mm	1	
钻夹头	莫氏5#	1	
活顶尖	莫氏5#	1	
45°车刀	25mm×25mm	1	
90°偏刀	25mm×25mm	1	
圆弧刀	25mm×25mm	1	
切断刀	25mm×25mm	1	
中心钻	ϕ3mm，B型	1	
锉刀	200mm	1	
砂纸	100#	1	

【操作步骤】

1）根据图样分析，编写加工工艺，填写加工工艺卡（表8-3）。

表8-3 三球手柄加工工艺卡

（单位）	机械加工工艺卡	课题序号	8	图号	8-6	实训班级	
		课题内容	成形面加工			零件名称	三球手柄
材料	45钢	毛坯种类	热轧圆钢			毛坯尺寸	ϕ35mm×146mm

工序	工种	工步	工序内容	车间	设备	工装 夹具	工装 刀具	工装 量具
1	车		三爪自定心卡盘装夹，车端面，打中心孔		CA6140A	三爪卡盘	B3中心钻、45°车刀	游标卡尺、外径千分尺
2	车	1	卡盘、顶尖装夹，车ϕ30mm、ϕ25mm、ϕ20mm，留1mm精车余量		CA6140A	三爪卡盘、活顶尖	90°偏刀、切断刀	游标卡尺
		2	用切断刀车削各柄部（圆锥部分）。轴向尺寸（以端面为基准）计算准确。径向尺寸ϕ12mm、ϕ18mm留1mm余量		CA6140A			
		3	调整小拖板车圆锥（经计算圆锥半角1°54′），留0.5mm余量		CA6140A			

（续）

工序	工种	工步	工序内容	车间	设备	工装		
						夹　具	刀　具	量　具
3	车		调头，三爪自定心卡盘装夹（夹住 ϕ30mm 外圆），钻中心孔		CA6140A	卡盘	B3 中心钻、45°车刀	
4	车		夹住 ϕ20mm 外圆，另一端顶住，粗车、精车 $S\phi$（30 ± 0.05）mm 球面，经抛光，达到 $Ra1.6\mu m$。顶尖处留有 ϕ7mm × 5mm 圆柱		CA6140A	卡盘、顶尖装夹	圆头切断刀	千分尺、半径样板
5	车		垫铜皮夹持 $S\phi$30mm 球面处，另一端顶住，粗车、精车圆锥部分至图样要求		CA6140A	卡盘、顶尖装夹	切断刀	游标卡尺、千分尺
6	车		粗车、精车 $S\phi$（25 ± 0.05）mm、$S\phi$（20 ± 0.05）mm，用刀尖修去四处柄部圆弧。用锉刀和纱布抛光圆球和圆锥部分，使表面粗糙度达到 $Ra1.6\mu m$，尺寸至图样要求。顶尖处留有 ϕ7mm × 5mm 圆柱，保证总长 135mm		CA6140A	卡盘、顶尖装夹	圆头切断刀、切断刀	游标卡尺、千分尺
7	砂轮机		在砂轮机上将两端 ϕ7mm × 5mm 圆柱磨掉		砂轮机		砂轮机	
8			垫铜皮用三爪自定心卡盘装夹，用锉刀、纱布将两端抛光至要求		CA6140A	卡盘	锉刀、纱布	
9			检验各部分尺寸					半径规、游标卡尺、千分尺

2）装夹毛坯，安装刀具，调整机床。

3）按工时进行加工。

4）加工完毕，检验加工精度并交件。

【考核标准】（表 8-4）

表 8-4 考核表

姓名		班级		实训项目		零件编号	8-1
序号	考核项目	考核内容及要求		评分标准	配分	检测结果	得分
1	三球（54 分）	$S\phi30$mm		每超差 0.02mm 扣 4 分	12		
		$Ra1.6\mu m$		公差等级每降一级，扣 4 分	6		
		$S\phi30$mm		每超差 0.02mm 扣 4 分	12		
		$Ra1.6\mu m$		公差等级每降一级，扣 4 分	6		
		$S\phi30$mm		每超差 0.02mm 扣 4 分	12		
		$Ra1.6\mu m$		公差等级每降一级，扣 4 分	6		
2	长度（24 分）	55mm		每超差 0.02mm 扣 2 分	12		
		110mm		每超差 0.02mm 扣 2 分	12		
3	锥度（22 分）	$\phi12$mm		每超差 0.055mm 扣 5 分	11		
		$\phi18$mm		每超差 0.055mm 扣 5 分	11		
4	安全文明生产	1. 车床安全操作规程 2. 工、夹、刀、量具的放置及使用规范 3. 机床维护保养 4. 工作场地清理			违反一条扣 2 分		
5	按时完成工件	1. 超时 10min，倒扣 5 分 2. 超时 20min，倒扣 10 分 3. 超时 30min，不得分					
6	总配分（100 分）						
工时定额		3h		指导教师			

【拓展练习】

（一）理论练习题

1. 填空题

（1）车刀副切削刃是前刀面与（　　）的交线。

（2）利用成形刀具加工工件，刀具的制造和（　　）误差对被加工表面的几何精度有较大的影响。

（3）当刃倾角为正值时，刀尖位于切削刃的最低点，切屑排出流向（　　）表面。

（4）精加工时，应选较（　　）的前角。

（5）传动用的螺纹精度要求较高，它们的螺距和螺纹升角（　　）。

2. 选择题

（1）为精加工做好准备的加工阶段，应属于（　　）。

A. 粗加工阶段　B. 半精加工阶段　C. 精加工阶段　D. 光整加工阶段

(2) 普通三角形螺纹车刀的刀尖角应等于（　）。

A. 30°　B. 40°　C. 55°　D. 60°

(3) 刀尖圆弧半径增大，会使切向抗力（　）。

A. 毫无变化　B. 有所增加　C. 增加较多　D. 增加很多

(4) 一般用硬质合金粗车碳钢时，磨损量在（　）。

A. 0.6~0.8mm　B. 0.8~1.2mm　C. 0.1~0.3mm　D. 0.3~0.5mm

(5) 造成已加工表面粗糙的主要原因是（　）。

A. 残留面积　B. 积屑瘤　C. 鳞刺　D. 振动波纹

(6) 断屑槽越（　），越易断屑。

A. 窄　B. 宽　C. 浅　D. 深

(7) 工件材料相同，车削时的温升基本相等，其热变形伸长量主要取决于（　）。

A. 工件长度　B. 材料热膨胀系数　C. 刀具磨损程度　D. 进给量

(8) 普通麻花钻靠外缘处的前角为（　）。

A. 负前角（-54°）　B. 0°　C. 正前角（+30°）　D. 45°

(9) 保证工件在夹具中占有正确位置是（　）装置。

A. 定位　B. 夹紧　C. 辅助　D. 车床

(10) 轴在两顶尖间装夹，限制了（　）个自由度。

A. 六　B. 五　C. 四　D. 三

(11) 长度与直径之比（　）倍的轴，称为细长轴。

A. 小于25　B. 等于25　C. 大于25　D. 不等于25

(12) 车细长轴时，为避免振动，车刀的主偏角应取（　）。

A. 45°　B. 60°~75°　C. 80°~93°　D. 100°

(二) 技能练习题

1. 锤头

按照如图8-7所示的要求，车削锤头。具体要求如下：

(1) 时间：2.5h。

(2) 利用双手控制法车削球面。

(3) 利用半径样板进行球面检测。

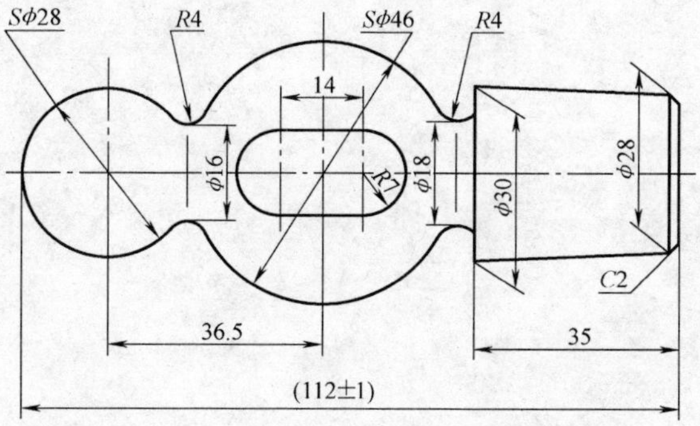

图8-7　锤头

2. 三球

按照图样技术要求，车削如图 8-8 所示的三球零件。具体要求如下：

（1）时间：2. 5h。

（2）利用双手控制法车削球面。

（3）利用半径样板进行球面检测。

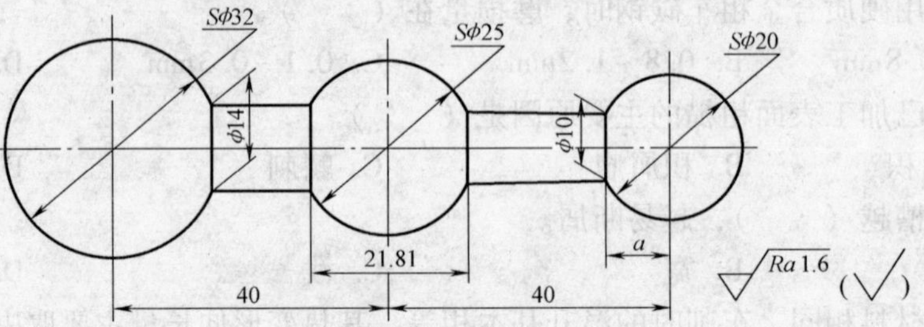

图 8-8 三球

课题九　车削螺纹

【学习目标】

（1）了解螺纹的作用及常见螺纹的车削方法。

（2）能根据图样要求，加工出合格的螺纹零件。

【相关知识】

1. 车削普通螺纹（外螺纹）

（1）普通螺纹的尺寸计算　普通螺纹是我国应用最广泛的一种三角形螺纹，牙型角为60°。普通螺纹分粗牙普通螺纹和细牙普通螺纹。

粗牙普通螺纹代号用字母“M”及公称直径表示，如M16、M18等。细牙普通螺纹代号用字母“M”及公称直径×螺距表示，如M20×1.5、M10×1等。细牙普通螺纹与粗牙普通螺纹的不同点是：当公称直径相同时，细牙普通螺纹螺距比较小。

左旋螺纹在代号末尾加注“左”字或“LH”，如M6左、M16×1.5左，或者M6LH、M16×1.5LH等。未注明旋向的螺纹为右旋螺纹。

普通螺纹的基本牙型如图9-1、图9-2所示。该牙型具有螺纹的基本尺寸，各尺寸的计算如下：

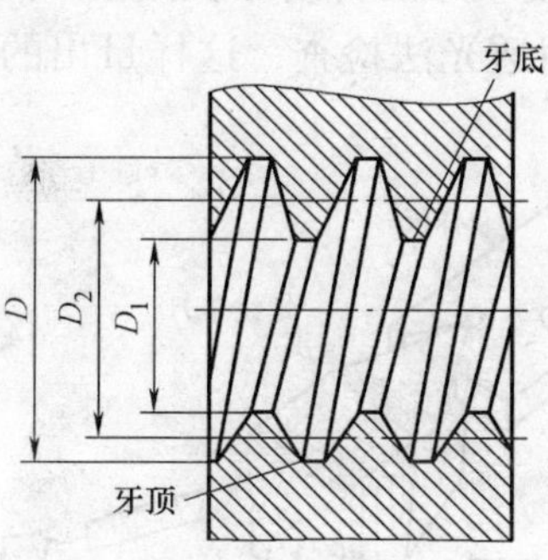

图9-1　内螺纹

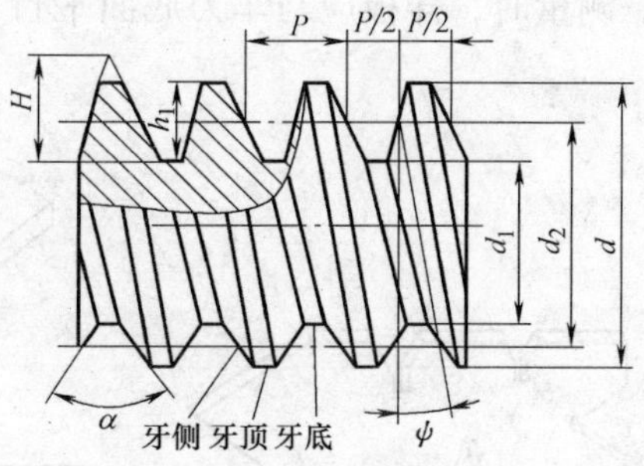

图9-2　外螺纹

1）螺纹大径 $d=D$（d 为外螺纹大径，D 为内螺纹大径）。

2）中径 $d_2=D_2=d-0.6494P$。

3）牙型高度 $h_1=0.5413P$。

4）螺纹小径 $d_1=D_1=d-1.0825P$。

（2）三角形螺纹车刀的刃磨　要车好螺纹，必须正确刃磨螺纹车刀。螺纹车刀按加工性质属于成形刀具，其切削部分的形状应当和螺纹牙型的轴向剖面形状相符合，即车刀的刀尖角应该等于牙型角。

三角形螺纹车刀的几何角度如下：

1）刀尖角应该等于牙型角。车普通螺纹时为60°，车英制螺纹为55°。

2）前角一般为0°～10°。因为螺纹车刀的纵向前角对牙型角有很大影响，所以精车时或精度要求高的螺纹，径向前角取得小一些，约0°~5°。

3）后角一般为5°~10°。因受螺纹升角的影响，进给方向一面的后角应磨得稍大一些。但大直径、小螺距的普通螺纹，这种影响可忽略不计。

三角形螺纹车刀的刃磨要求：

1）根据粗、精车的要求，刃磨出合理的前、后角。粗车刀前角大、后角小，精车刀则相反。

2）车刀的左右切削刃必须是直线，无崩刃。

3）刀头不歪斜，牙型半角相等。

4）内螺纹车刀刀尖角平分线必须与刀杆垂直。

5）内螺纹车刀后角应适当大些，一般磨有两个后角。

刀尖角的刃磨和检查方法如下：

由于螺纹车刀刀尖角要求高、刀头体积小，因此刃磨起来比一般车刀困难。刃磨高速钢螺纹车刀时，若感到发热、烫手，必须及时用水冷却，否则容易引起刀尖退火；刃磨硬质合金车刀时，应注意刃磨顺序，一般是先将刀头后刀面适当粗磨，随后再刃磨两侧面，以免产生刀尖爆裂。在精磨时，应注意防止压力过大而震碎刀片，同时要防止刀具在刃磨时骤冷而损坏刀具。

为了保证磨出准确的刀尖角，在刃磨时可用螺纹角度样板测量，如图9-3a所示。测量时把刀尖角与样板贴合，对准光源，仔细观察两边贴合的间隙，并进行修磨。

对于具有纵向前角的螺纹车刀，可以用一种厚度较厚的特制螺纹样板来测量刀尖角，如图9-3b所示。测量时，样板应与车刀底面平行，用透光法检查，这样量出的角度近似等于牙型角。

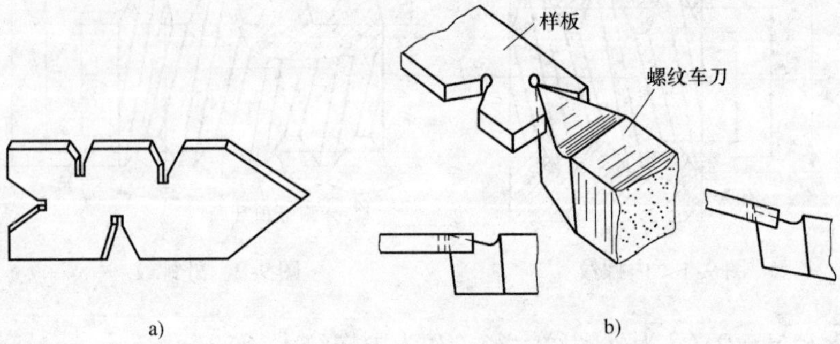

图9-3 车刀角度的测量

（3）螺纹车刀的装夹

1）装夹车刀时，刀尖一般应对准工件中心（可根据尾座顶尖高度调整）。

2）车刀刀尖角的对称中心线必须与工件轴线垂直，装刀时可用样板来对刀，如图9-4a所示。如果把车刀装歪，就会产生如图9-4b所示的牙型歪斜。

3）刀头伸出不要过长，一般为20~25mm（约为刀杆厚度的1.5倍）。

（4）车螺纹时车床的调整

1）变换手柄位置。一般按工件螺距在进给箱铭牌上找到交换齿轮的齿数和手柄位置，并把手柄拨到所需的位置上。

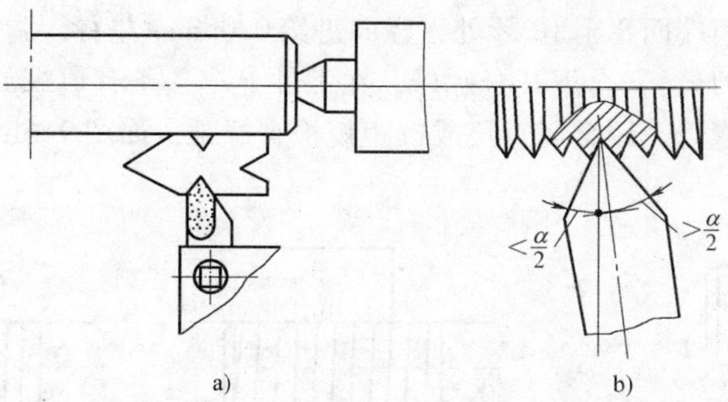

图 9-4　车刀装歪导致牙型歪斜

2）调整滑板间隙。调整中、小滑板镶条时，不能太紧，也不能太松。太紧，摇动滑板费力，操作不灵活；太松，车螺纹时容易产生“扎刀”。顺时针方向旋转小滑板手柄，消除小滑板丝杠与螺母的间隙。

（5）普通螺纹的加工方法　普通螺纹有右旋和左旋之分，即当主轴正转时，由尾座向卡盘方向进给，加工出来的螺纹为右旋螺纹，当主轴还是正转的情况下，由卡盘向尾座方向进给，加工出来的螺纹为左旋螺纹，如图 9-5 所示。

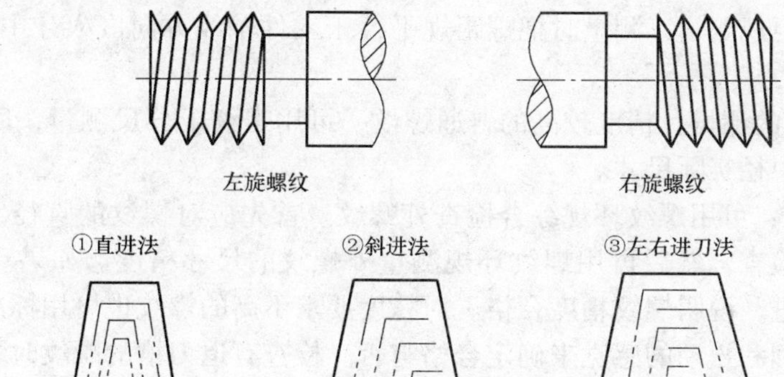

图 9-5　车制普通螺纹的方法

（6）车螺纹时的动作练习

1）选择主轴转速为 200r/min 左右，开动车床，将主轴倒、顺转数次，然后合上开合螺母，检查丝杠与开合螺母的工作情况是否正常，若有跳动和自动抬闸现象，必须消除。

2）空刀练习车螺纹的动作，选螺距 2mm，长度为 25mm，车床主轴转速 165 ~ 200r/min。开车练习开合螺母的分合动作，先退刀、后提开开合螺母，动作协调。

3）试切螺纹。在外圆上根据螺纹长度，用刀尖对准，开车并径向进给，使车刀与工件轻微接触，车一条刻线作为螺纹终止退刀标记，如图 9-6a 所示，并记住中滑板刻度盘读数，后退刀。将床鞍摇至离端面8至10牙处，径向进给0.05mm左右，调整刻度盘“0”位（以便车螺纹时掌握背吃刀量），合下开合螺母，在工件上车一条有痕螺旋线，到螺纹终止线时迅速退刀，提起开合螺母，用金属直尺或螺距规检查螺距，如图9-6b、c所示。

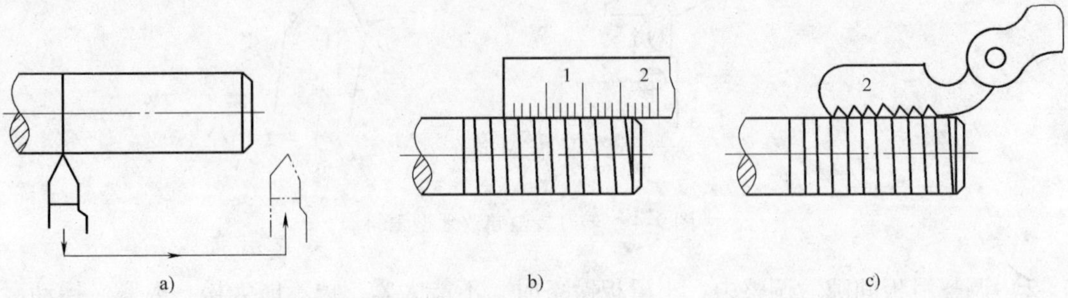

图9-6 螺距检验

（7）螺纹的测量和检查

1）螺纹大径的测量：螺纹大径的公差较大，一般可用游标卡尺或千分尺测量。

2）螺距的测量：螺距一般用金属直尺测量。普通螺纹的螺距较小，在测量时，根据螺距的大小，最好量2~10个螺距的长度，然后除以2~10，就得出一个螺距的尺寸。如果螺距太小，则用螺距规测量，测量时把螺距规平行于工件轴线方向嵌入牙中，如果完全符合，则螺距是正确的。

3）螺纹中径的测量：精度较高的普通螺纹，可用螺纹千分尺测量，所测得的千分尺读数就是该螺纹的中径实际尺寸。

4）综合测量：可用螺纹环规综合检查外螺纹。首先应对螺纹的直径、螺距、牙型、和表面粗糙度进行检查，然后再用螺纹环规测量外螺纹的尺寸精度。如果环规通端可以拧进去，而止端拧不进，说明螺纹精度合格。对精度要求不高的螺纹也可用标准螺母检查，以拧上工件时是否顺利和松动的感觉来确定合格与否。检查有退刀槽的螺纹时，环规应可通过退刀槽并与台阶平面靠平。

（8）注意事项

1）车螺纹前要检查主轴手柄位置，用手旋转主轴（正、反），看是否过重或空转量过大。

2）由于初学者操作不熟练，宜采用较低的切削速度，并注意在练习时集中精力。

3）车螺纹时，开合螺母必须到位，如感到未到位，应立即提起，重新进行。

4）车螺纹时应注意不能用手去摸正在旋转的工件，更不能用棉纱去擦正在旋转的工件。

5）车完螺纹后应提起开合螺母，并把手柄拨到纵向进给位置，以免在开车时撞车。

6）车螺纹应保持切削刃锋利。如中途换刀或刃磨后，必须重新对刀，并重新调整中滑板刻度。

7）粗车螺纹时，要留适当的精车余量。

8）精车时，应首先用最少的赶刀量车光一个侧面，把余量留给另一侧面。

2. 车削普通螺纹内螺纹

内螺纹工件形状常见的有三种，即通孔、不通孔和台阶孔。其中通孔内螺纹最容易加工。

在加工内螺纹时，由于车削的方法和工件形状的不同，因此所选用的螺纹车刀也不相同。

工厂中最常见的内螺纹车刀如图 9-7 所示。

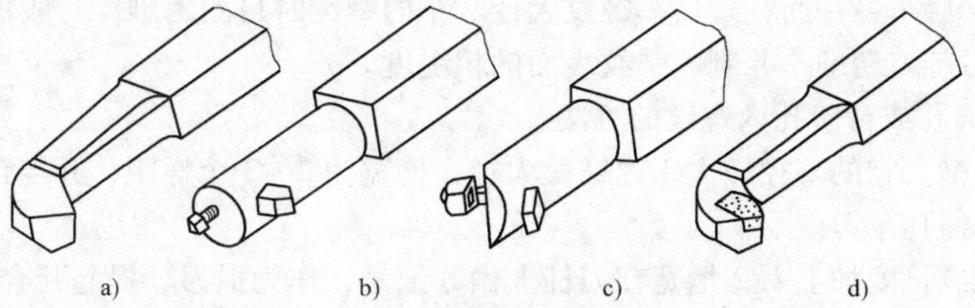

图 9-7　常见的内螺纹车刀

（1）内螺纹车刀的选择和装夹

1）内螺纹车刀的选择。内螺纹车刀是根据车削方法和工件材料及形状来选择的。它的尺寸大小受到螺纹孔径尺寸限制，一般内螺纹车刀的刀头径向长度应比孔径小 3 ~ 5mm。否则退刀时会碰伤牙顶，甚至不能车削。刀杆在保证排屑的前提下，要尽量加大截面积。

2）车刀的刃磨和装夹。内螺纹车刀的刃磨方法和外螺纹车刀基本相同。但是刃磨刀尖时要注意它的平分线必须与刀杆垂直，否则车内螺纹时会出现刀杆碰伤内孔的现象。刀尖宽度应符合要求，一般为 0.1 × 螺距，如图 9-8 所示。

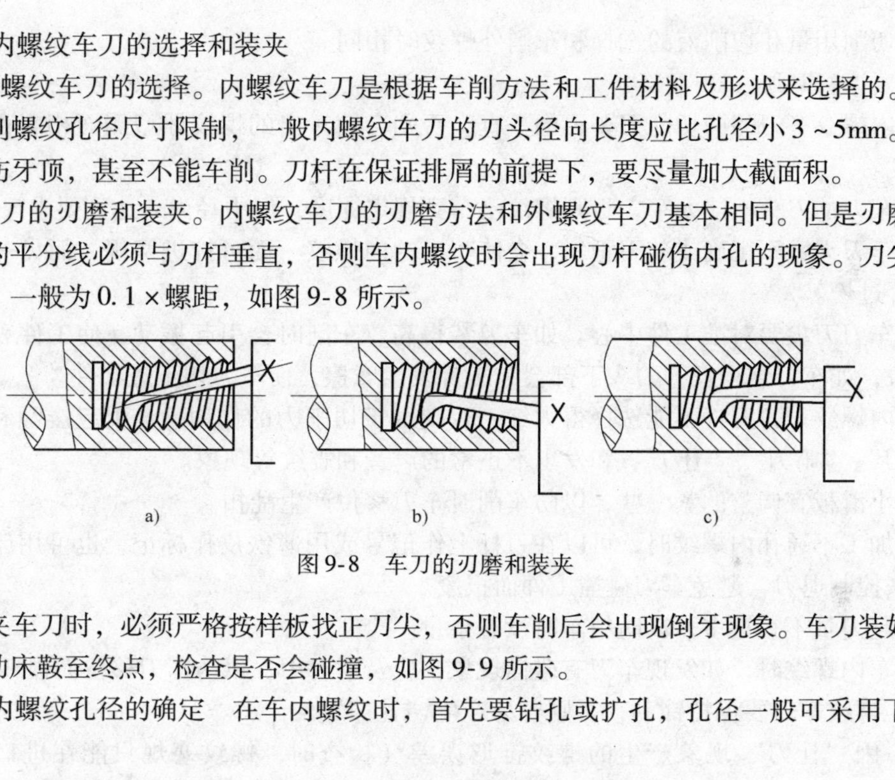

图 9-8　车刀的刃磨和装夹

在装夹车刀时，必须严格按样板找正刀尖，否则车削后会出现倒牙现象。车刀装好后，应在孔内摇动床鞍至终点，检查是否会碰撞，如图 9-9 所示。

（2）内螺纹孔径的确定　在车内螺纹时，首先要钻孔或扩孔，孔径一般可采用下面的公式计算：

$$D_{孔} \approx d - 1.05P$$

（3）车通孔内螺纹的方法

1）车内螺纹前，先把工件的内孔、平面及倒角车好。

2）开车空刀练习进给、退刀动作。车内螺纹时的进给和退刀方向和车外螺纹时相反，如图 9-10 所示。练习时，需在中滑板刻度圈上做好退刀和进给。

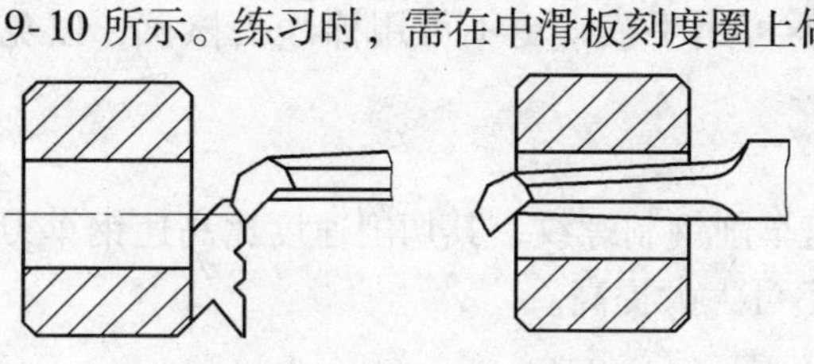

图 9-9　检查是否碰撞

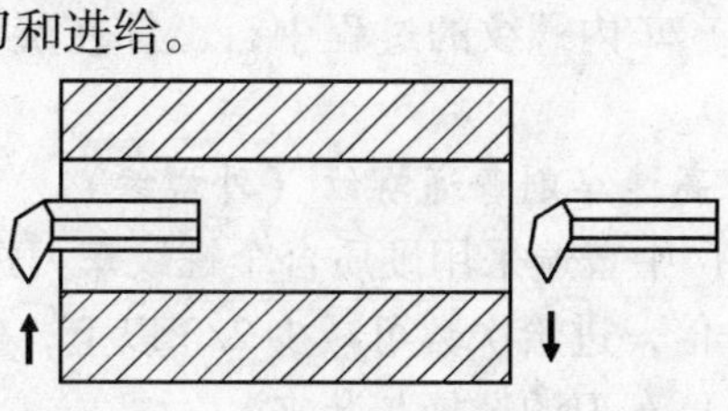

图 9-10　车内螺纹时的进给、退刀方向

3）进给切削的方式和外螺纹相同，螺距小于1.5mm或铸铁螺纹采用直进法；螺距大于2mm采用左右切削法。为了改善刀杆受切削力而引起的变形，它的大部分余量应先在尾座方向上切削掉，后车另一面，最后车螺纹大径。车内螺纹时目测困难，一般根据观察到的排屑情况进行左右赶刀切削，并判断螺纹表面的粗糙度。

（4）车不通孔或台阶孔内螺纹的方法

1）车退刀槽。它的直径应大于内螺纹大径，槽宽为2~3个螺距，并与台阶平面切平。

2）选择不通孔车刀。

3）根据螺纹长度加上1/2槽宽在刀杆上做好记号，作为退刀、提起开合螺母之用。

4）车削时，中滑板手柄的退刀和开合螺母提起的动作要迅速、准确、协调，保证刀尖在槽中退刀。

5）切削用量和切削液的选择和车削外螺纹时相同。

（5）注意事项

1）内螺纹车刀的两切削刃要刃磨平直，否则会使车出的螺纹牙型侧面相应不直，影响螺纹精度。

2）车刀的刀头不能太窄，否则螺纹已车到规定深度，但中径尚未达到要求尺寸。

3）车刀刃磨不正确或装刀歪斜，会使车出的内螺纹一面可拧进塞规，而另一面却拧不进或配合过松。

4）车刀刀尖要对准工件中心。如车刀装得高，车削时会引起振动，使工件表面产生鱼鳞斑现象；如车刀装得低，刀头下部会和工件发生摩擦，使车刀切不进工件。

5）内螺纹车刀刀杆不能选择得太细，否则由于切削力的作用，会引起震颤和变形，出现“扎刀”、“啃刀”、“让刀”和发出不正常的声音和震纹等现象。

6）小滑板宜调整的紧一些，以防车削时车刀移位产生乱扣。

7）加工不通孔内螺纹时，可以在刀杆上作记号或用薄铁皮作标记，也可用床鞍刻度的刻线等来控制退刀，避免车刀碰撞工件而报废。

8）赶刀量不宜过多，以防精车时没有余量。

9）车内螺纹时，如发现车刀有碰撞现象，应及时对刀，以防车刀移位而损坏牙型。

10）螺纹车刀要保持锋利，否则容易产生“让刀”。

11）因“让刀”现象产生的螺纹锥形误差（检查时，螺纹塞规只能在进口处拧进几扣），不能盲目地加大背吃刀量，这时必须采用趟刀的方法，使车刀在原来的切刀深度位置，反复车削，直至全部拧进。

12）用螺纹塞规检查，应使通端全部拧进，感觉松紧适当，而止端拧不进。检查不通孔螺纹，通端拧进的长度应达到图样要求的长度。

13）车内螺纹的过程中，工件在旋转时，不可用手摸，更不可用棉纱去擦拭，以免造成事故。

3. 高速车削普通螺纹（外螺纹）

工厂中普遍采用硬质合金螺纹车刀进行高速车削钢制螺纹，其切削速度比高速钢车刀高15~20倍，进给次数可减少2/3以上，生产效率可大大提高。

（1）车刀的选择与装夹

1）车刀的选择。通常选用镶有YT15刀片的硬质合金螺纹车刀，其刀尖角应小于螺纹牙型角 0°~1°；后角一般为 3°~6°，车刀前刀面和后刀面要经过精细研磨。

2）车刀的装夹。除了符合螺纹车刀的装夹要求外，为了防止震动和“扎刀”，刀尖应略高于工件中心，一般高 0.1~0.3mm。

（2）机床的调整和动作练习

1）调整床鞍和中、小滑板，使之无松动现象，小滑板应紧一些。

2）开合螺母应灵活。

3）机床无显著振动。车削前作空刀练习，选择主轴转速 200~500r/min，要求进给、退刀、提起开合螺母动作迅速、准确、协调。

（3）高速车螺纹

1）进给方式。车削时只能用直进法。

2）切削用量的选择。切削速度一般取 50~100m/min，背吃刀量开始大些（大部分余量在第一刀、第二刀车去），以后逐步减少，但最后一刀应不少于 0.1mm。一般高速切削螺纹的螺距为 1.5~3mm、材料为中碳钢时，只需 3~7 次进给即可完成。切削过程中一般不加切削液。

例如，车削螺距分别为 1.5mm、2mm 的螺纹，其背吃刀量分配如下：

$P=1.5$mm，总背吃刀量为 $0.65P=0.975$mm，则

第一刀背吃刀量 =0.5mm

第二刀背吃刀量 =0.35mm

第三刀背吃刀量 =0.1mm

$P=2$mm，总背吃刀量为 $0.65P=1.3$mm，则

第一刀背吃刀量 =0.6mm

第二刀背吃刀量 =0.4mm

第三刀背吃刀量 =0.2mm

第四刀背吃刀量 =0.1mm

用硬质合金车刀高速车削材料为中碳钢或合金钢螺纹时，走刀次数可参考表 9-1 数据。

表 9-1　走刀次数表

螺距/mm		1.5~2	3	4	5
走刀次数	粗车	2~3	3~4	4~5	5~6
	精车	1	2	2	2

【技能训练】

用 CA6140A×1000 型车床，加工如图 9-11 所示的螺纹压盖，并达到图样所示的精度要求。螺纹压盖材料为 45 钢，毛坯尺寸为 ϕ60mm×55mm。

1. 训练要求

1）时间：6h。

2）机床各手柄调整正确，站立位置正确。

3）教学组织要求：每人使用一台车床，一套工具、量具，一块毛坯材料，按操作步骤组织学习。

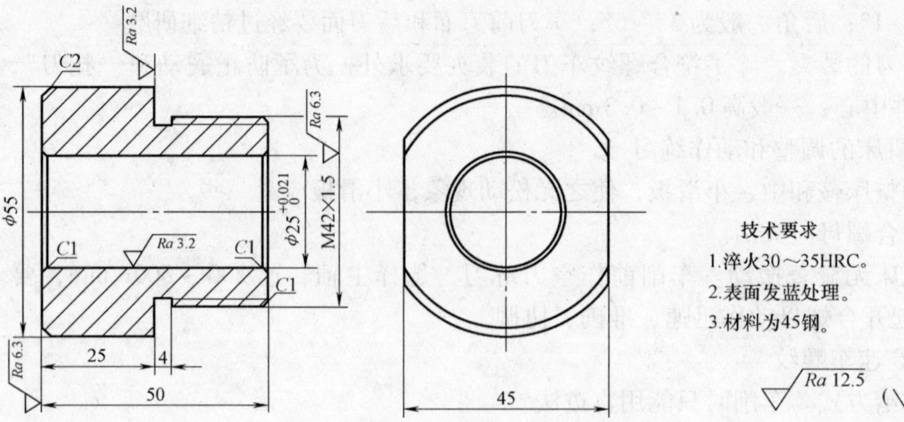

图 9-11　螺纹压盖

2. 训练内容

加工零件如图 9-11 所示。

3. 工量具（表 9-2）

表 9-2　工量具

名　称	规格型号	数　量	备　注
游标卡尺	0 ~150mm，0.02mm	1	
外径千分尺	0 ~25mm，0.01mm	各 1	
螺纹环规	M42 ×1.5	1	
刀台扳手	配 CA6140 车床	1	
卡盘扳手	配 CA6140 车床	1	
叉口扳手	17 ~19mm	1	
活扳手	250mm	1	
莫式变径套	莫氏 5#、莫氏 4#	各 1	
锥钻	ϕ23mm	1	
内孔刀	25mm ×25mm，ϕ22mm ×55mm	1	
90°外圆车刀	25mm ×25mm	1	
外螺纹车刀	25mm ×25mm，牙型角 60°	1	
切断刀	25mm ×25mm，宽 4mm	1	

【操作步骤】

1）根据图样分析，编写加工工艺，填写加工工艺卡（表 9-3）。

表 9-3　螺纹压盖加工工艺卡

(单位)	机械加工工艺卡	课题序号	9	图号	9-11	实训班级	
		课题内容		螺纹零件加工		零件名称	螺纹压盖
材　料	45 钢	毛坯种类		热轧圆钢		毛坯尺寸	ϕ60mm×55mm

工序	工种	工步	工序内容	车间	设备	工装 夹具	工装 刀具	工装 量具
1	车	1	用三爪自定心卡盘夹持坯料的一端外圆，伸出长 30mm，车端面，粗、精车 ϕ55mm 至图纸尺寸要求		CA6140A	三爪自定心卡盘	45°弯头车刀 90°外圆车刀	游标卡尺
		2	钻 ϕ23mm 通孔				ϕ23mm 锥钻	
		3	粗、精车 $\phi25^{+0.21}_{0}$ mm 至尺寸要求		CA6140A		内孔车刀	游标卡尺、内径百分表
		4	车倒角 $C2$、$C1$		CA6140A		45°弯头车刀	游标卡尺
2	车	1	调头装夹（垫铜皮），伸出长度 30mm，车端面至总长尺寸为 50mm		CA6140A		45°弯头车刀	游标卡尺
		2	车削外圆至尺寸 ϕ42mm×25mm		CA6140A		90°外圆车刀	游标卡尺
		3	车外圆槽至 4mm×1mm		CA6140A		切断刀	游标卡尺
		4	车削 M42×1.5 螺纹		CA6140A		螺纹车刀	螺纹环规
		5	车倒角 $C1$		CA6140A		45°弯头车刀	
3	铣		铣削两平面至尺寸 45mm		X6132	台虎钳	盘铣刀	游标卡尺
4			检验					

2）装夹毛坯，安装刀具，调整机床。

3）按工时进行加工。

4）加工完毕，检验加工精度并交件。

【考核标准】（表 9-4）

表 9-4　考核表

姓名		班级		实训项目		零件编号	9-1
序　号	考核项目	考核内容及要求 尺寸精度	考核内容及要求 表面粗糙度	评分标准	配　分	检测结果	得　分
1	外尺寸 (44 分)	ϕ55mm	Ra6.3μm	超差全扣	11		
		25mm		超差全扣	11		
		4mm		超差全扣	11		
		50mm		超差全扣	11		
2	螺纹 (15 分)	M42×1.5	Ra6.3μm	超差全扣	15		
3	内孔 (15 分)	$\phi25^{+0.021}_{0}$ mm	Ra3.2μm	超差全扣	15		

（续）

序号	考核项目	考核内容及要求		评分标准	配分	检测结果	得分
		尺寸精度	表面粗糙度				
4	倒角（16分）	C2		超差全扣	4		
		C1（3处）		超差全扣	12		
5	安全文明生产（10分）	1. 车床安全操作规程 2. 工、夹、刀、量具放置及使用规范 3. 机床维护保养 4. 工作场地清理			10		
6	按时完成工件	1. 超时10min，倒扣5分 2. 超时20min，倒扣10分 3. 超时30min，不得分					
7	总配分（100分）						
工时定额		6h		指导教师			

【拓展练习】

（一）理论训练题

1. 选择题

（1）影响梯形螺纹牙型角的主要因素是（　　）。

A. 主后角　　B. 径向前角　　C. 契角　　D. 刀尖角

（2）高速车削螺纹时，一般选用（　　）车削。

A. 直进　　B. 左右切削　　C. 斜进　　D. 刀尖角

（3）梯形螺纹测量一般是用三针测量法测量螺纹的（　　）

A. 大径　　B. 中径　　C. 底径　　D. 小径

（4）测量梯形螺纹中径的最佳方法是（　　）。

A. 综合测量法　　B. 螺纹千分尺　　C. 三针测量法　　D. 单针测量法

（5）在CA6140型车床上车削米制螺纹时，交换齿轮传动比应是（　　）

A. 42∶100　　B. 63∶75　　C. 60∶97　　D. 50∶100

（6）车削右旋螺纹时，螺纹车刀右侧的工作后角（　　）

A. 增大　　B. 减小　　C. 不变　　D. 突变

（7）多线螺纹车刀的几何角度与单线螺纹的几何角度最大的不同之处是（　　）

A. 前角　　B. 主后角　　C. 副后角　　D. 刀尖角

（8）判断车削多头螺纹时是否发生乱牙，应以（　　）带入计算。

A. 螺距　　B. 导程　　C. 线数　　D. 螺纹升角

（9）车削多线螺纹时应按（　　）来计算交换齿轮。

A. 螺距　　B. 导程　　C. 牙型角　　D. 螺纹大径

2. 简答题

车削螺纹时，车刀两侧负后角有哪些变化？

（二）技能训练图

加工如图9-12所示的零件，具体要求如下：

（1）时间：3.5h。

（2）能利用车螺纹法车削螺纹零件。

（3）能独立确定一般工件的车削步骤。

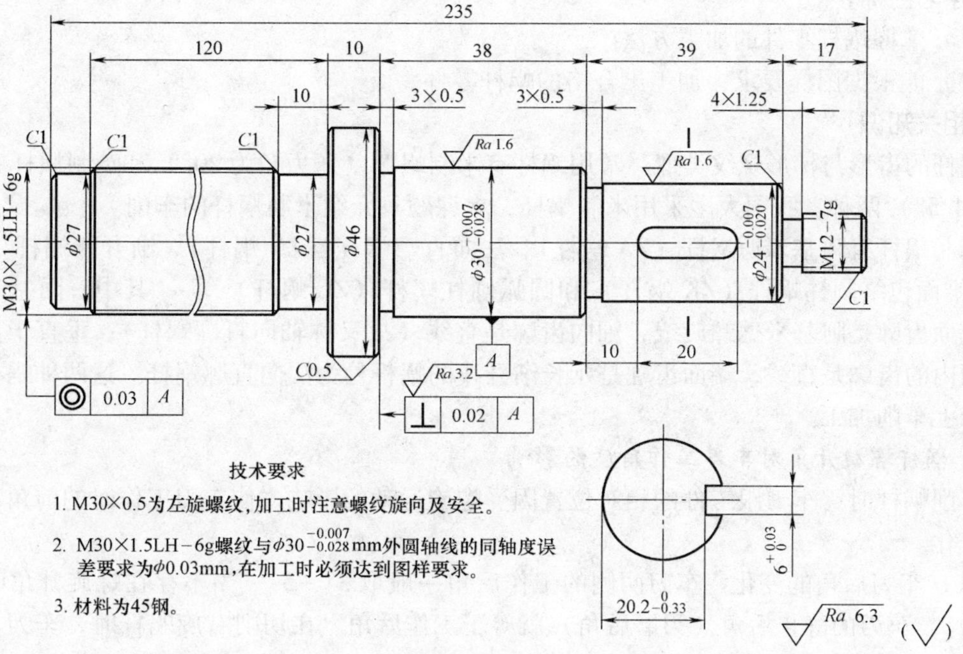

图9-12　螺纹轴

课题十　车削蜗杆

【学习目标】

(1) 掌握蜗杆零件的加工方法。

(2) 能根据图样要求，加工出合格的蜗杆零件。

【相关知识】

蜗杆的齿形与梯形螺纹类似。常用蜗杆有米制蜗杆（压力角为20°）和英制蜗杆（压力角为14.5°）两种。我国大多采用米制蜗杆，本课题只介绍米制蜗杆的车削。

米制蜗杆有阿基米德蜗杆（ZA蜗杆）、法向直廓蜗杆（ZN蜗杆）、渐开线蜗杆（ZI蜗杆）、锥面包络圆柱蜗杆（ZK蜗杆）和圆弧圆柱蜗杆（ZC蜗杆）等。其中，阿基米德蜗杆的端面齿廓是阿基米德螺旋线，轴向齿廓是直线（故又称轴向直廓蜗杆）；垂直于齿线的法平面内的齿廓是直线，端面齿廓是延长渐开线的蜗杆称为法向直廓蜗杆。这两种蜗杆可以在车床上车削加工。

1. 蜗杆螺旋升角对车刀工作角度的影响

车削蜗杆时，车刀跟工件的相对位置因受螺旋运动的影响，使车刀工作时的前角和后角发生变化。

(1) 车刀后角的变化　车刀两侧的工作后角一般取3°~5°。当不存在螺旋升角时（如车沟槽），车刀的静止后角（刃磨后角）就等于工作后角。在切削右旋蜗杆时，车刀左侧的静止后角（刃磨后角）应等于工作后角（3°~5°）加上螺旋升角（即蜗杆导程角γ）。车刀右侧静止后角等于工作角度减去螺旋升角。在车削左旋蜗杆时，情况就相反。

(2) 车刀前角的变化　由于螺旋运动的影响，切削时车刀的前角也会发生变化。如果静止时车刀前角为0°，车削右旋蜗杆时，左侧切削刃上的工作前角为$0° + \gamma$（γ为导程角）；右侧切削刃上的工作前角为$0° - \gamma$。这时，右侧切削刃上的工作前角为负值，切削很不顺利，排屑困难。为了改善切削条件，可将车刀法向（垂直于螺旋线）安装，这时两侧切削刃工作前角都为0°，或在车刀两侧切削刃上磨较大的前角，使切削省力，并有利于排屑。

2. 蜗杆的车削方法

(1) 车蜗杆时的对刀方法及注意事项

1) 加工轴向直廓蜗杆时，车刀两侧切削刃组成的平面应装得与工件轴线重合，即采用水平装刀法；加工法向直廓蜗杆时，车刀两侧切削刃组成的平面应装得与齿侧垂直，即采用垂直装刀法。

2) 车刀刀尖应对准工件中心，不得偏高或偏低。如果车刀刀尖没对准工件中心，除容易产生“扎刀”、“啃刀”外，还会造成牙形角的误差。

3) 用对刀样板校正车刀刀尖角的位置，夹紧刀具后，刀尖角应正确地对准样板的位置，以避免产生螺纹半角误差。

4) 刀具安装要牢固，刀杆不宜伸出过长。

5）蜗杆精车刀最好装在弹簧刀杆上使用，以提高蜗杆螺纹的精度，降低螺纹表面粗糙度值。

（2）车削方法　蜗杆的车削加工，一般采用低速切削。车削时应分为粗车、精车两个阶段进行。精度要求高的工件可分为粗车、半精车和精车三个阶段进行。其采用的进给方式与梯形螺纹车削加工方法相似。

由于蜗杆的导程角（相当于螺纹的升角）一般都比较大，在车削时车刀的前角和后角产生很大的变化。为了使切削顺利，可用可旋转调节杆进行车削。角度的大小可从头部上的刻度线看出。车削法向直廓蜗杆时，刀头必须倾斜，采用可调节螺旋升角刀杆更为理想。粗车阿基米德蜗杆时，为了切削顺利，刀头可倾斜安装。精车时，为了保证精度，刀头仍要水平安装。车削时要反、正赶刀，以得到较好的表面质量，保证单面切削，否则易啃刀。

【技能训练】

用 CA6140A×1000 型车床，加工出如图 10-1 所示的蜗杆轴，并达到图样所示的精度要求。蜗杆轴的毛坯材料为 45 钢，尺寸为 ϕ45mm×140mm。

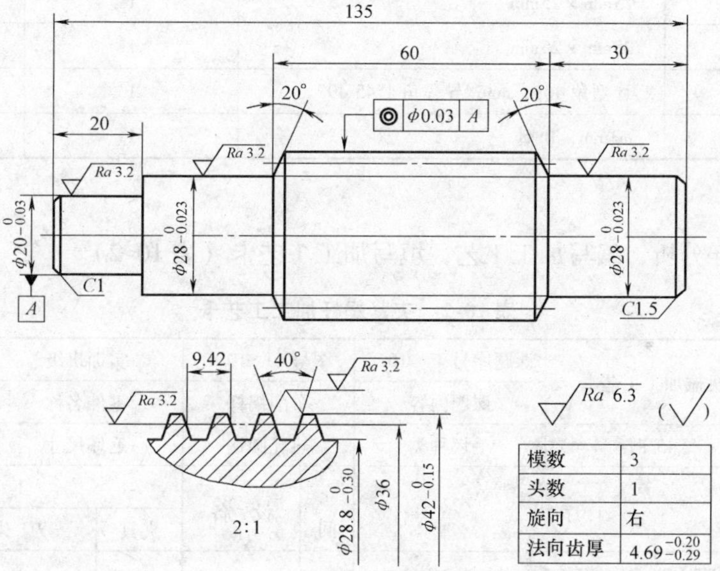

模数	3
头数	1
旋向	右
法向齿厚	$4.69^{-0.20}_{-0.29}$

图 10-1　蜗杆轴

1. 训练要求

1）时间：6h。

2）机床各手柄调整正确，站立位置正确。

3）教学组织要求：每人使用一台车床，一套工具、量具，一块毛坯材料，按操作步骤组织学习。

2. 训练内容

加工零件如图 10-1 所示：

3. 工量具（表10-1）

表10-1 工量具

名称	规格型号	数量	备注
游标卡尺	0~150mm，0.02mm	1	
外径千分尺	0~25mm，25~50mm，0.01mm	各1	
游标万能角度尺	0~320°	1	
齿厚游标卡尺	m=1~16mm	1	
卡盘扳手	配CA6140车床	1	
刀台扳手	配CA6140车床	1	
叉口扳手	17~19mm	1	
活扳手	250mm	1	
钻夹头	莫氏5#	1	
活顶尖	莫氏5#	1	
45°车刀	25mm×25mm	1	
90°偏刀	25mm×25mm	1	
蜗杆车刀	牙型角40°，m3，导程角4°45′49″	1	
中心钻	ϕ3mm，B型	1	

【操作步骤】

1）根据图样分析，编写加工工艺，填写加工工艺卡（表10-2）。

表10-2 夹紧蜗杆加工工艺卡

<table>
<tr><td colspan="3" rowspan="2">（单位）</td><td rowspan="2">机械加工工艺卡</td><td>课题序号</td><td>10</td><td>图号</td><td>10-1</td><td>实训班级</td><td colspan="2"></td></tr>
<tr><td colspan="2">课题内容</td><td colspan="2">车削蜗杆</td><td>零件名称</td><td colspan="2">蜗杆轴</td></tr>
<tr><td colspan="3">材料</td><td>45钢</td><td colspan="2">毛坯种类</td><td colspan="2">热轧圆钢</td><td>毛坯尺寸</td><td colspan="2">ϕ45×140mm</td></tr>
<tr><td rowspan="2">工序</td><td rowspan="2">工种</td><td rowspan="2">工步</td><td rowspan="2">工序内容</td><td rowspan="2">车间</td><td colspan="3" rowspan="2">设备</td><td colspan="3">工装</td></tr>
<tr><td>夹具</td><td>刀具</td><td>量具</td></tr>
<tr><td>1</td><td>车</td><td></td><td>用三爪自定心卡盘夹住毛坯外圆，伸出长度90mm左右，车外圆见光即可</td><td></td><td colspan="3">CA6140A</td><td>三爪自定心卡盘</td><td>90°外圆车刀</td><td>游标卡尺</td></tr>
<tr><td>2</td><td>车</td><td></td><td>调头夹住已车过表面，找正夹牢，粗车ϕ28mm、ϕ20mm，留2mm余量，钻中心孔</td><td></td><td colspan="3">CA6140A</td><td>三爪自定心卡盘</td><td>90°外圆车刀、中心钻</td><td>游标卡尺</td></tr>
<tr><td>3</td><td>车</td><td></td><td>调头夹住ϕ28mm外圆找正夹牢，车端面截总长至尺寸，钻中心孔。用后顶尖顶住，粗车ϕ28mm，留1mm余量，粗车、半精车蜗杆齿顶圆直径，两端倒角20°，粗车蜗杆，每面留0.5mm余量</td><td></td><td colspan="3">CA6140A</td><td>三爪自定心卡盘</td><td>45°车刀、90°外圆车刀、蜗杆车刀</td><td>游标卡尺、千分尺、齿厚游标卡尺</td></tr>
</table>

（续）

工序	工种	工步	工序内容	车间	设备	工装		
						夹具	刀具	量具
4	车		采用两顶尖装夹，半精车 $\phi28$mm，留 0.5mm 余量，精车蜗杆齿顶圆直径 $\phi42_{-0.15}^{0}$ mm，精车蜗杆至尺寸。精车 $\phi28$mm 至尺寸，倒角 $C1$		CA6140A	两顶尖	45° 车刀、90°外圆车刀、蜗杆精车刀	游标卡尺、千分尺、齿厚游标卡尺
5	车		调头用两顶尖装夹，精车 $\phi28$mm、$\phi20$mm 至尺寸，倒角 $C1$		CA6140A	两顶尖	45° 车刀、90°外圆车刀	游标卡尺

2）装夹毛坯，安装刀具，调整机床。

3）按工时进行加工。

【考核标准】（表 10-3）

表 10-3　考核表

姓名		班级		实训项目			零件编号	
序号	考核项目	考核内容及要求		评分标准	配分		检测结果	得分
		尺寸精度	表面粗糙度		尺寸精度	表面粗糙度		
1	外圆（49分）	$\phi20_{-0.03}^{0}$ mm	$Ra3.2\mu m$	超差全扣	8	2		
		$\phi28_{-0.023}^{0}$ mm（2处）	$Ra3.2\mu m$	超差全扣	8×2	2×2		
		$C1$（2处）		超差全扣	1×2			
2	长度（6分）	135mm		按 IT12 检测，超差全扣	5			
		30mm		按 IT12 检测，超差全扣	5			
		60mm		按 IT12 检测，超差全扣	5			
		20mm		按 IT12 检测，超差全扣	5			
3	蜗杆（17分）	$\phi28.8_{-0.30}^{0}$ mm	$Ra3.2\mu m$	超差全扣	8	2		
		$\phi42_{-0.15}^{0}$ mm	$Ra3.2\mu m$	超差全扣	8	2		
		20°（2处）		超差全扣	2×2			
		$4.69_{-0.29}^{-0.20}$ mm		超差全扣	14			
4	安全文明生产（10分）	1. 车床安全操作规程 2. 工、夹、刀、量具放置及使用规范 3. 机床维护保养 4. 工作场地清理			10			

（续）

序号	考核项目	考核内容及要求		评分标准	配分		检测结果	得分
		尺寸精度	表面粗糙度		尺寸精度	表面粗糙度		
5	按时完成工件（18分）	1. 超时10min，扣5分 2. 超时20min，扣10分 3. 超时30min，不得分						
6	总配分（100分）							
工时定额		6h		指导教师				

【拓展训练】

(一) 理论练习题

1. 选择题

（1）蜗杆精车刀的刀尖角等于牙型角，左右切削刃应平直，车刀的前角为（　　）。

A. 正值　B. 零度　C. 负值　D. 正、负值均可

（2）车削蜗杆时常采用（　　）方法。

A. 直进法　B. 斜进法　C. 左右借刀法　D. 车直槽

（3）齿厚测量法是测量蜗杆（　　）的尺寸。

A. 中径处的轴向厚度　B. 中径处的宽度　C. 齿顶高　D. 中径处的法向齿厚

（4）米制蜗杆压力角为（　　）。

A. 20°　B. 30°　C. 40°　D. 55°

（5）车削外径为100mm、模数为10mm的螺纹，其分度圆直径应为（　）mm。

A. 95　B. 56　C. 80　D. 90

（6）车蜗杆时，应按（　　）来计算交换齿轮。

A. 螺距　B. 导程　C. 齿距　D. 模数

（7）精车法向直廓蜗杆，装刀时车刀左右切削刃组成的平面应与齿面（　　）。

A. 平行　B. 垂直　C. 相切　D. 倾斜

（8）齿厚测量法是测量蜗杆（　　）的尺寸。

A. 中径处轴向厚度　B. 中径处的宽度　C. 齿顶高　D. 中径处的法向齿厚

（9）用齿厚游标卡尺测量蜗杆齿厚时，齿高应调整到蜗杆的（　　）尺寸。

A. 齿顶高　B. 齿根高　C. 齿厚　D. 全齿高

2. 简答题

蜗杆的加工方法有哪些？

(二) 技能练习题

加工如图10-2所示的零件，具体要求如下：

（1）时间：3.5h。

（2）能利用车蜗杆的方法车削蜗杆零件。

（3）能对蜗杆进行合理检测。

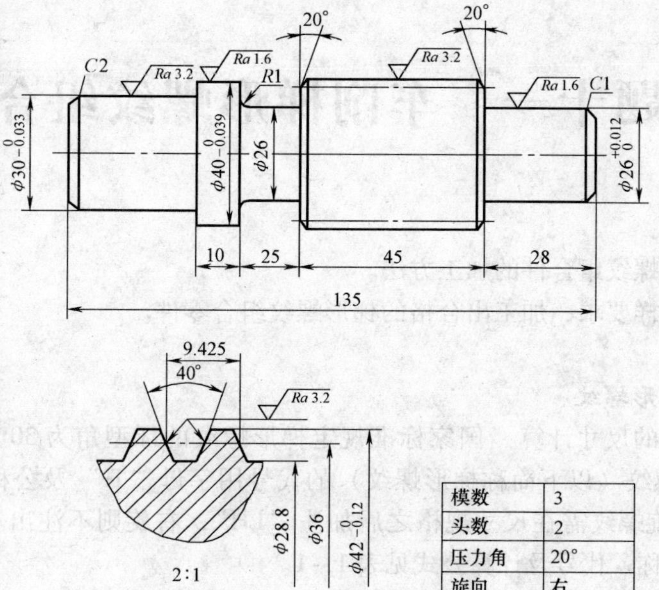

模数	3
头数	2
压力角	20°
旋向	右
法向齿厚	$4.65_{-0.29}^{-0.20}$

图 10-2　蜗杆轴

课题十一　车削梯形螺纹组合件

【学习目标】

（1）了解梯形螺纹组合件的加工方法。

（2）能根据图样要求，加工出合格的梯形螺纹组合零件。

【相关知识】

1. 车削加工梯形螺纹

（1）梯形螺纹的尺寸计算　国家标准规定梯形螺纹的牙型角为30°，如图11-1所示。30°牙型角的梯形螺纹（以下简称梯形螺纹）的代号用字母“Tr”及公称直径×螺距表示，单位均为mm。左旋螺纹需在尺寸规格之后加注“LH”，右旋则不注出。例如Tr36×6等。梯形螺纹各部分名称、代号及计算公式见表11-1。

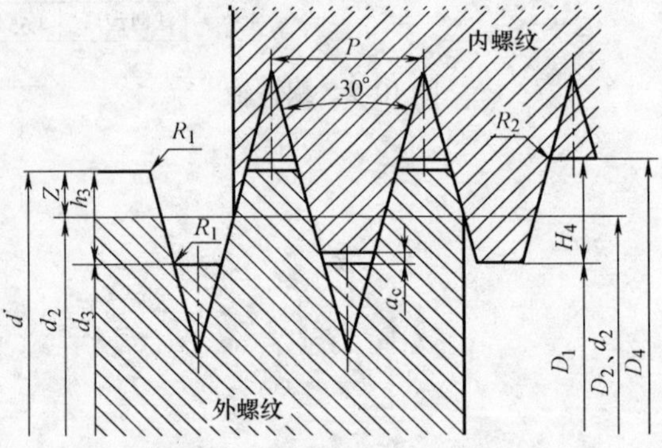

图11-1　梯形螺纹的牙型

（2）梯形螺纹车刀　梯形螺纹车刀分粗车刀和精车刀两种。

1）梯形螺纹车刀的角度。

① 粗车刀的两切削刃夹角应小于牙型角。精车刀的两切削刃夹角应等于牙形角。

② 刀尖宽度。粗车刀的刀尖宽度应为1/3螺距宽。精车刀的刀尖宽度应等于牙底宽减0.05mm。

③ 纵向前角。粗车刀的纵向前角一般为15°左右，精车刀为了保证牙型角正确，前角应等于0°，但实际生产时取5°~10°。

④ 纵向后角一般为6°~8°。

⑤ 两侧切削刃后角的计算公式如下：

进给方向：$\alpha = (3° \sim 5°) + \psi$

背向进给方向：$\alpha = (3° \sim 5°) - \psi$

2）梯形螺纹车刀的刃磨要求。

① 用样板校对刃磨两切削刃夹角，如图11-2所示。

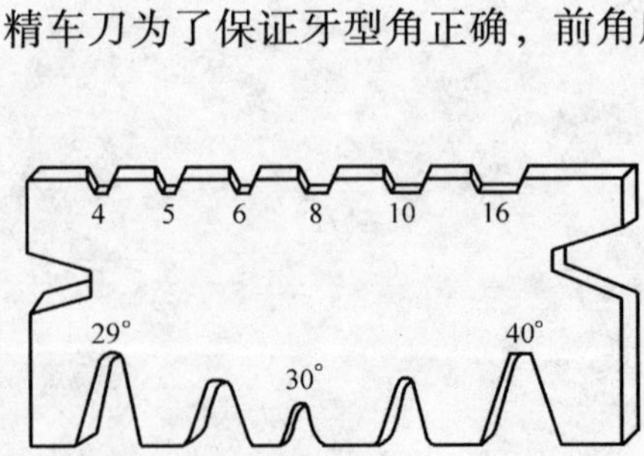

图11-2　样板

② 有纵向前角的两切削刃夹角应进行修正。

③ 车刀切削刃要光滑、平直、无虚刃，两侧副切削刃必须对称，刀头不能歪斜。

④ 用油石研磨去各切削刃的毛刺。

表 11-1　梯形螺纹各部分名称、代号及计算公式

名　称		代　号	计算公式			
牙型角		α	$\alpha=30°$			
螺距		P	由螺纹标准确定			
牙顶间隙		a_c	P	1.5～5	6～12	14～44
			a_c	0.25	0.5	1
外螺纹	大径	d	公称直径			
	中径	d_2	$d_2=d-0.5P$			
	小径	d_3	$d_3=d-2h_3$			
	牙高	h_3	$h_3=0.5P+a_c$			
内螺纹	大径	D_4	$D_4=d+2a_c$			
	中径	D_2	$D_2=d_2$			
	小径	D_1	$D_1=d-P$			
	牙高	H_4	$H_4=h_3$			
牙顶宽		f、f'	$f=f'=0.366P$			
槽底宽		W、W'	$W=W'=0.366P-0.536a_c$			

（3） 梯形螺纹的一般技术要求

1） 梯形螺纹中径必须与基准轴颈同轴，其大径尺寸应小于基本尺寸。

2） 车梯形螺纹必须保证中径尺寸公差。

3） 螺纹的牙型角要正确。

4） 螺纹两侧面表面粗糙度值要低。

（4） 车床的选择和调整

1） 挑选精度较高，磨损较少的机床。

2） 正确调整车床各处间隙，对床鞍、中小滑板的配合部分进行检查和调整，注意控制机床主轴的轴向窜动、径向圆跳动，以及丝杠轴向窜动。

3） 选用磨损较少的交换齿轮。

（5） 车刀的选择　一般选用高速钢材料的车刀，采用低速车削。

1） 高速钢梯形螺纹粗车刀　为了便于左右切削并留有精车余量，刀头宽度应小于槽底宽 W。

2） 高速钢梯形螺纹精车刀　车刀纵向前角 $\gamma_p=0°$，两侧切削刃之间的夹角等于牙型角。为了保证两侧切削刃切削顺利，应磨有较大前角（$\gamma_o=10°\sim20°$）的卷屑槽。但在使用时必须注意，车刀前端切削刃不能参加切削，如图 11-3 所示。

高速钢梯形螺纹精车刀能车削出精度较高和表面粗糙度较小的螺纹，但生产效率低，如图 11-4 所示。

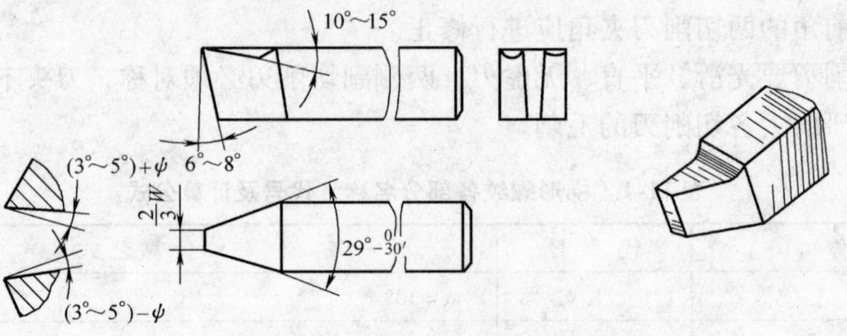

图 11-3　高速钢螺纹粗车刀

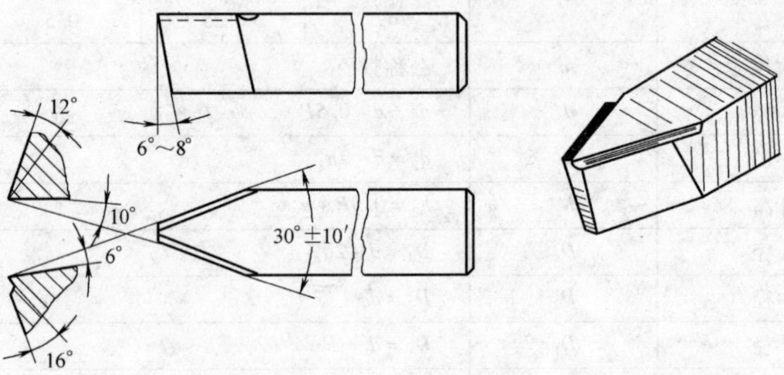

图 11-4　高速钢梯形螺纹精车刀

（6）车刀的装夹

1）车刀主切削刃必须与工件轴线等高（用弹性刀杆连接时应高于轴线约 0.2mm），同时应和工件轴线平行。

2）刀头的角平分线要垂直于工件的轴线。用样板找正装夹，以免产生螺纹半角误差，如图 11-5 所示。

（7）工件的装夹　工件的装夹一般采用两顶尖或一夹一顶装夹。粗车较大螺距时，可采用四爪单动卡盘一夹一顶，以保证装夹牢固，同时使工件的一个台阶靠住卡盘平面，固定工件的轴向位置，以防止因切削力过大，使工件移位而车坏螺纹。

（8）车削方法　如图 11-5 所示，用样板找正装夹板。螺距小于 4mm 和精度要求不高的工件，可用一把梯形螺纹车刀，并用少量的左右进给车削。螺距大于 4mm 和精度要求较高的梯形螺纹，一般采用分刀车削的方法。

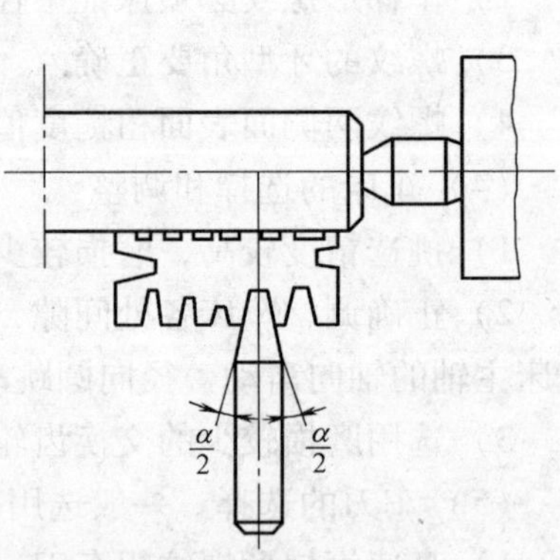

图 11-5　样板找正

1）粗车、半精车梯形螺纹时，螺纹大径留 0.3mm 左右余量，且倒角成 15°。

2）选用刀头宽度稍小于槽低宽度的车槽刀，粗车螺纹（每边留 0.25～0.35mm 余量）

3）用梯形螺纹车刀采用左右车削法车削梯形螺纹两侧面，每边留 0.1～0.2mm 精车余量，并车准螺纹小径尺寸，如图 11-6a、b 所示。

4）精车大径至图样要求（一般小于螺纹基本尺寸）。

5）选用精车梯形螺纹车刀，采用左右车削法完成螺纹加工，如图 11-6 c、d 所示。

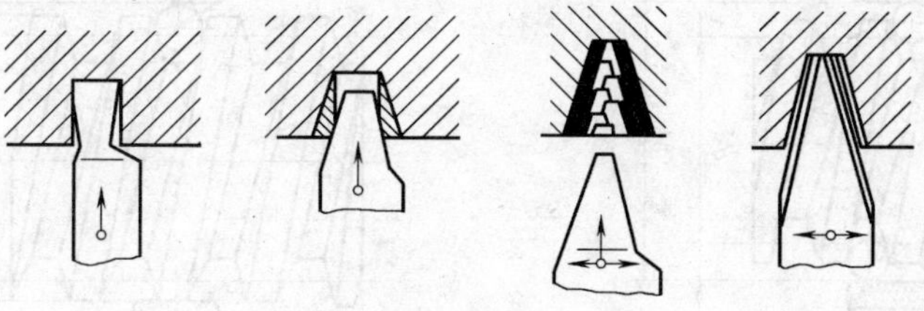

图 11-6　左右车削法

(9) 注意事项

1）梯形螺纹车刀两侧副切削刃应平直，否则工件牙型角不正；精车时切削刃应保持锋利，要求螺纹两侧表面粗糙度值要小。

2）调整小滑板的松紧，以防车削时车刀移位。

3）鸡心夹头或对分夹头应夹紧工件，否则车梯形螺纹时工件容易产生移位而损坏。

4）车梯形螺纹中途复装工件时，应保持拨杆原位，以防乱牙。

5）精车前，最好重新修正工件的顶尖孔，以保证同轴度。

6）在外圆上去毛刺时，应把砂纸垫在锉刀下进行。

7）严禁在开车时用棉纱擦工件，以防出危险。

8）车削时，为了防止因溜板箱手轮回转时不平衡，使床鞍移动，产生窜动，可去掉手柄。

9）车梯形螺纹时，为防"扎刀"，建议用弹性刀杆。

2. 梯形螺纹的测量方法

1）综合测量法　用标准螺纹环规综合测量

2）三针测量法　这种方法是测量外螺纹中径的一种比较精密的方法。适用于测量一些精度要求较高、螺纹升角小于 4°的螺纹工件。测量时把三根直径相等的量针放在螺纹相对应的螺旋槽中，用千分尺量出两边量针顶点之间的距离 M，如图 11-7 所示。

例如，车削 Tr32×6 梯形螺纹，用三针法测量螺纹中径，量针直径和千分尺读数值 M 的计算公式如下：

量针直径：$d_D = 0.518P = 301\text{mm}$

千分尺读数值：$M = d_2 + 4.864d_D - 1.866P$

$= 29\text{mm} + 4.864 \times 3.1\text{mm} - 1.866 \times 6\text{mm}$

$= 29\text{mm} + 15.08\text{mm} - 11.20\text{mm}$

$= 32.88\text{mm}$

测量时应考虑公差，则 $M = 32.88_{-0.118}^{\ 0}\text{mm}$ 为合格。三针测量法采用的量针一般是专门制造的。

3）单针测量法　这种方法的特点是只需用一根量针，放置在螺旋槽中，用千分尺即可量出螺纹大径与量针顶点之间的距离 A，见图 11-8 所示。

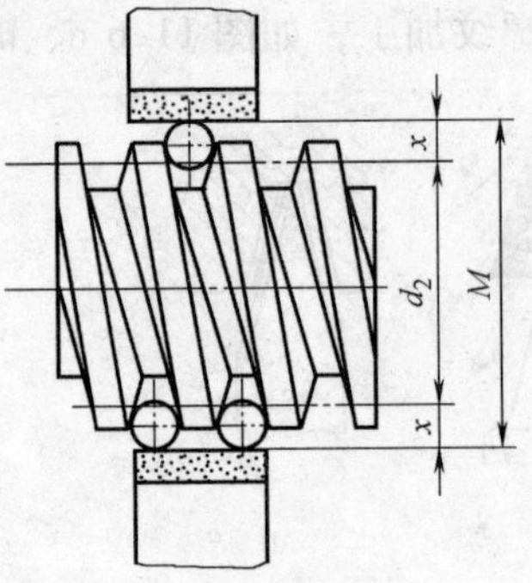

图 11-7　三针测量法

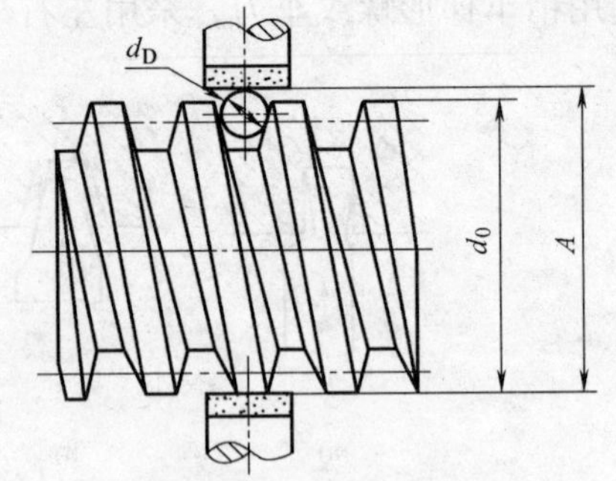

图 11-8　单针测量法

【技能训练】

用 CA6140A×1000 型车床，加工出如图 11-9 所示的梯形螺纹组合件，并达到图样所示的精度要求。端套毛坯材料为 45 钢，尺寸为 $\phi60$mm×50mm、$\phi50$mm×30mm。

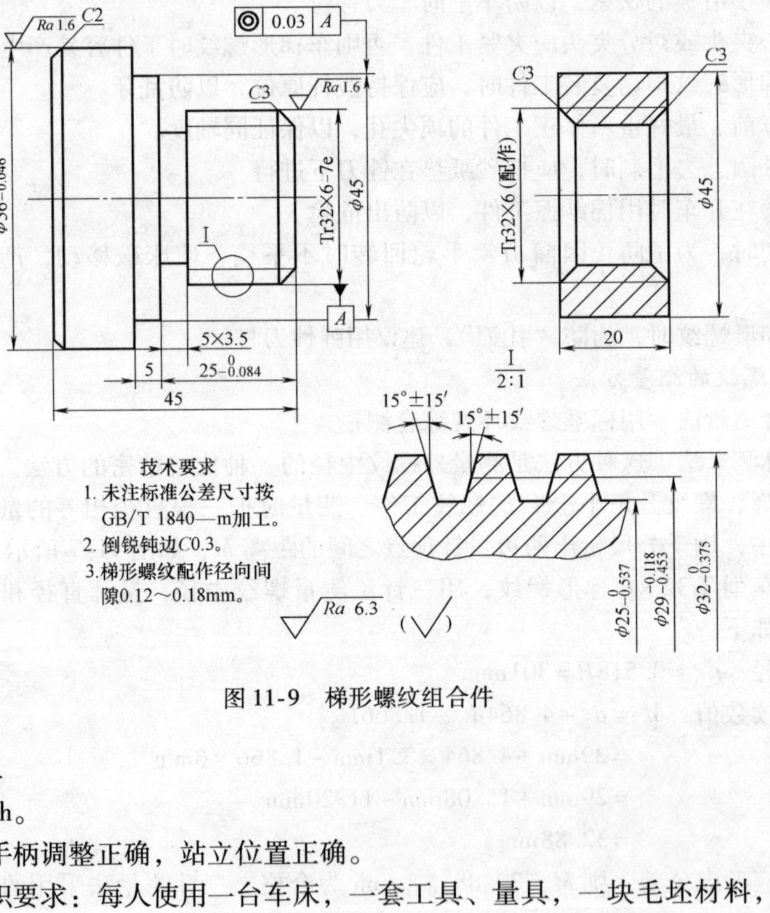

图 11-9　梯形螺纹组合件

1. 训练要求

1）时间：3h。

2）机床各手柄调整正确，站立位置正确。

3）教学组织要求：每人使用一台车床，一套工具、量具，一块毛坯材料，按照操作步骤组织学习。

2. 训练内容

加工零件如图 11-9 所示。

3. 工量具（表 11-2）

表 11-2　工量具清单

名　　称	规格型号	数　量	备　注
游标卡尺	0～150mm，0.02mm	1	
外径千分尺	50～75mm，0.01mm	1	
公法线千分尺	25～50mm，0.01mm	1	
三针	ϕ3.108mm	3	
刀台扳手	配 CA6140 车床	1	
卡盘扳手	配 CA6140 车床	1	
叉口扳手	17～19mm	1	
活扳手	250mm	1	
锥钻	ϕ24mm，	1	
45°车刀	25mm×25mm	1	
90°偏刀	25mm×25mm	1	
外梯形螺纹车刀	25mm×25mm，30°牙型角	1	
切断刀	25mm×25mm	1	
内孔刀	可加工 ϕ26mm	1	
内梯形螺纹车刀	25mm×25mm，30°牙型角，可加工 Tr32	1	

【操作步骤】

1）根据图样分析，编写加工工艺，填写加工工艺卡（表 11-3、表 11-4）。

表 11-3　梯形螺纹轴加工工艺卡

<table>
<tr><td colspan="3" rowspan="2">（单位）</td><td rowspan="2">机械加工工艺卡</td><td>课题序号</td><td>11</td><td>图号</td><td>11-9</td><td>实训班级</td><td></td></tr>
<tr><td colspan="2">课题内容</td><td colspan="2">梯形螺纹零件加工</td><td>零件名称</td><td>梯形螺纹轴</td></tr>
<tr><td colspan="3">材　　料</td><td>45 钢</td><td colspan="2">毛坯种类</td><td colspan="2">热轧圆钢</td><td>毛坯尺寸</td><td>ϕ60mm×50mm</td></tr>
</table>

<table>
<tr><td rowspan="2">工序</td><td rowspan="2">工种</td><td rowspan="2">工步</td><td rowspan="2">工序内容</td><td rowspan="2">车间</td><td rowspan="2">设　备</td><td colspan="3">工　　装</td></tr>
<tr><td>夹具</td><td>刀　具</td><td>量　具</td></tr>
<tr><td>1</td><td>车</td><td>1</td><td>用三爪自定心卡盘夹持坯料的一端外圆，夹持长度 20mm 左右，车端面，粗、精车外圆至尺寸 $\phi56_{-0.046}^{0}$mm（长度大于 15mm），车倒角 $C2$</td><td></td><td>CA6140A</td><td>卡盘装夹</td><td>45°车刀、90°偏刀</td><td>游标卡尺、千分尺</td></tr>
<tr><td>2</td><td>车</td><td>1</td><td>调头三爪自定心卡盘装夹车端面（垫铜皮、找正），达到总长尺寸 45mm</td><td></td><td>CA6140A</td><td>卡盘、顶尖装夹</td><td>45°车刀</td><td>游标卡尺</td></tr>
</table>

（续）

工序	工种	工步	工序内容	车间	设备	工装		
						夹具	刀具	量具
2	车	2	粗、精车 ϕ45mm 外圆至尺寸要求，控制长度 30mm		CA6140A	卡盘、顶尖装夹	90 偏刀	游标卡尺
		3	粗、精车外梯形螺纹 Tr32×6-7e 大径，控制长度 $25_{-0.084}^{\ 0}$mm		CA6140A		90°偏刀	游标卡尺、千分尺
		4	车外沟槽 5mm×3.5mm，倒角 $C3$，倒钝锐边 $C0.3$		CA6140A		切断刀	游标卡尺
		5	粗、精车 Tr32×6-7e 外梯形螺纹		CA6140A		螺纹车刀	公法线千分尺、三针
3			检验					

表 11-4　梯形螺母加工工艺卡

（单位）			机械加工工艺卡	项目序号	11	图号	11-9	实训班级	
				项目内容		螺纹零件加工		零件名称	梯形螺母
材料			45 钢	毛坯种类		热轧圆钢		毛坯尺寸	ϕ50mm×30mm

工序	工种	工步	工序内容	车间	设备	工装		
						夹具	刀具	量具
1	车	1	用三爪自定心卡盘夹持坯料的一端外圆，伸出长度 20mm，找正，车端面，钻通孔 ϕ24mm		CA6140	卡盘装夹	45°车刀、ϕ24mm 锥钻	游标卡尺
		2	粗、精车 ϕ45mm 外圆至尺寸要求，长度为 20mm				90°偏刀	游标卡尺
		3	车削内孔尺寸至 ϕ26mm，车削内倒角 $C3$				内孔车刀	游标卡尺
		4	粗、精车内梯形螺纹 Tr32×6-7e		CA6140	卡盘装夹	内梯形螺纹车刀	公法线千分尺、三针
		5	外圆倒钝 0.3mm				45°车刀	
2	车	1	调头装夹（垫铜皮、找正），车端面至总长 20mm				45°车刀	游标卡尺
		2	车内倒角 $C3$，外圆倒钝 0.3mm					
3			检验					

2）装夹毛坯，安装刀具，调整机床。

3）按工时进行加工。

【考核标准】（表 11-5）

表 11-5　考核表

姓名		班级		实训项目		零件编号	
序　号	考 核 项 目	考核内容及要求		评 分 标 准	配　分	检 测 结 果	得　分
		尺寸精度	表面粗糙度				
1	外圆、长度（60分）	$\phi56_{-0.046}^{\ 0}$ mm	$Ra1.6\mu m$	超差全扣	7×2		
		$\phi45$mm	$Ra1.6\mu m$	超差全扣	5×2		
		$25_{-0.084}^{\ 0}$ mm		超差全扣	8		
		45mm		超差全扣	3		
		5mm		超差全扣	3		
		5mm×3.5mm		超差全扣	4		
		$\phi29_{-0.453}^{-0.118}$ mm		超差全扣	1×2		
		$\phi32_{-0.357}^{\ 0}$	$Ra1.6\mu m$	超差全扣	6×2		
		15°±15′（2处）		超差全扣	4		
	倒角（4分）	$C2$		超差全扣	2		
		$C3$		超差全扣	2		
	形位公差（4分）	◎ 0.03 A		超差全扣	4		
2	外圆（7分）	$\phi45$mm		超差全扣	7		
	倒角（2分）	$C3$		超差全扣	2		
3	配合尺寸（13分）	径向间隙 0.12～0.18mm		超差全扣	13		
4	安全文明生产	1. 车床安全操作规程 2. 工、夹、刀、量具放置及使用规范 3. 机床维护保养 4. 工作场地清理			10		
5	按时完成工件	1. 超时10min，扣5分 2. 超时20min，扣10分 3. 超时30min，不得分					
6	总配分 （100分）						
工时定额		3h		指导教师			

【拓展训练】

（一）理论练习题

1. 填空题

（1）对于配合精度要求较高的工件，工厂中常采用（　　）检查锥度和角度。

A. 游标万能角度　　　　B. 角度样板　　　　C. 圆锥量规

（2）用圆锥塞规检验内锥孔时，塞规的小端显示剂被擦去，这说明锥孔的锥度（　　）。

A. 车小了　　　　　　　　B. 正确　　　　　　　　C. 车大了

（3）用圆锥塞规检验内锥孔时，工件端面位于圆锥塞规两刻线之间，说明锥孔大端（或小端）直径（　　）。

A. 车小了　　　　　　　　B. 正确　　　　　　　　C. 车大了

（4）车削外锥体时，若车刀刀尖没有对准工件中心，圆锥素线为（　　）。

A. 直线　　　　　　　　B. 凸状双曲线　　　　　　C. 凹状双曲线

（5）车细长轴时，跟刀架的卡爪压得过紧，会出现（　　）。

A. 锥度　　　　　　　　B. 多棱形　　　　　　　　C. 竹节形

（6）细长轴的刚性很差，在切削力、重力和离心力的作用下会使工件弯曲变形，车削中极易产生（　　）。

A. 表面不光滑　　　　　　B. 振动　　　　　　　　C. 加工精度低

（7）车削细长轴时，要使用中心架和跟刀架来增加工件的（　　）。

A. 刚性　　　　　　　　B. 韧性　　　　　　　　C. 强度

（8）长度与直径比不是很大，余量较少，需多次安装的细长轴采用（　　）装夹方法。

A. 两顶尖　　　　　　　　B. 一夹一顶　　　　　　C. 中心架

（9）车细长轴时，车刀的前角宜取（　　）。

A. 10°～20°　　　　　　B. 15°～100°　　　　　　C. 15°～30°

2. 简答题

拟定精密丝杠机械加工工艺过程应采取哪些措施？

（二）技能练习题

加工如图 11-10、图 11-11、图 11-12、图 11-13 所示的零件图。具体要求如下：

1）时间：3.5h。

2）各工件的尺寸精度、几何精度、表面粗糙度达到图样要求；不准使用砂布、油石等辅助工具加工表面；组装后达到装配图样规定的尺寸精度、几何精度及其他技术要求。

3）正确执行国家颁布的安全生产法规和有关规定，做到工作场地整洁，工件、夹具、量具、刀具等放置合理、整齐。

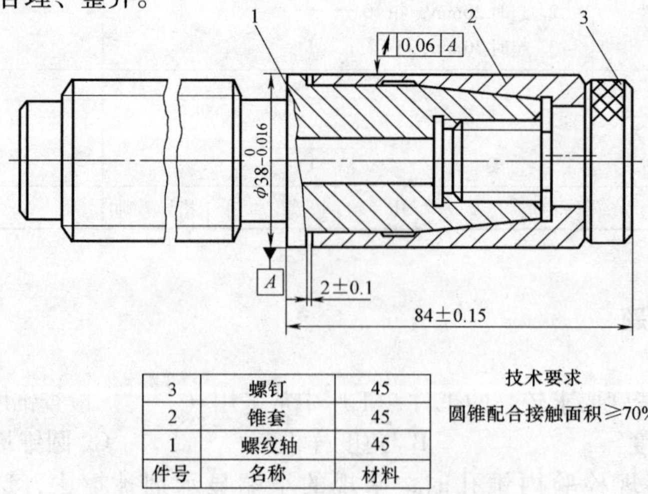

3	螺钉	45
2	锥套	45
1	螺纹轴	45
件号	名称	材料

技术要求

圆锥配合接触面积≥70%

图 11-10　深孔螺杆组合件

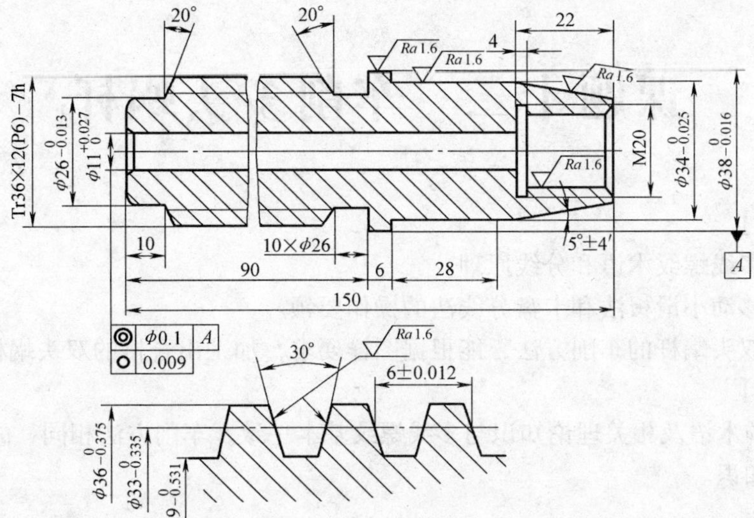

技术要求

1. 未注倒角全部为C1。
2. 锐边去毛刺。
3. 圆锥用涂色法检验，接触面积≥70%。
4. 材料为45钢。

图 11-11　螺纹轴

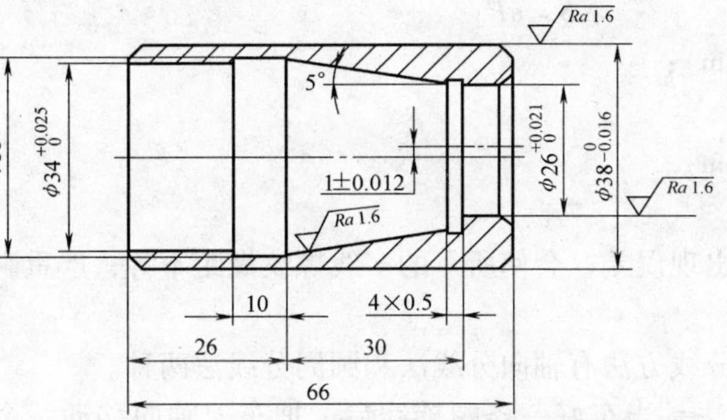

技术要求

1. 未注倒角全部为C1。
2. 锐边去毛刺。
3. 圆锥用涂色法检验，与件1配合接触面积≥70%。
4. 材料为45钢。

图 11-12　锥套

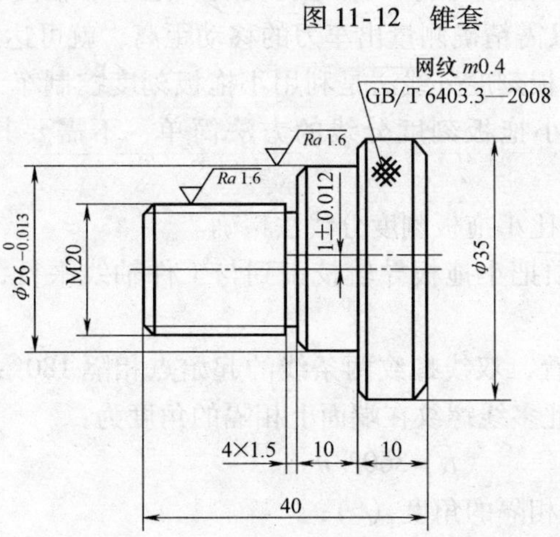

技术要求

1. 未注倒角全部C1。
2. 锐边去毛刺。
3. 材料为45钢。

图 11-13　螺钉

课题十二　车削多头蜗杆

【学习目标】

（1）掌握多线螺纹术语和分线原理。

（2）掌握移动小滑板法和卡盘分线法的操作要领。

（3）掌握双头蜗杆的车削方法，能根据图样要求，加工出合格的双头蜗杆零件。

【相关知识】

多头蜗杆的术语及相关理论知识与多线螺纹基本一致，车削方法相同，故此处仅介绍多线螺纹的相关知识。

1. 多线螺纹

圆柱体上只有一条螺旋槽的螺纹称为单线螺纹，这种螺纹应用最多。有两条或两条以上螺旋槽的螺纹称为多线螺纹。多线螺纹每旋转一周时，能移动单线螺纹几倍的螺距，所以常用于快速移动机构中。可根据螺纹末端螺旋槽的数目或从螺纹的端面上看出螺纹的线数。

螺纹上相邻两螺旋槽之间距离称为螺距。螺旋槽旋转一周所移动的距离称为导程。

导程与螺距的关系可用下式表示：

$$S = nP$$

式中　S——多线螺纹的导程（mm）；

　　n——多线螺纹的线数；

　　P——多线螺纹的螺距（mm）。

2. 多线螺纹的分头方法

车削多线螺纹时，如果分头出现误差，会使所车的多线螺纹螺距不等，严重影响内外螺纹的配合精度，降低使用寿命。

根据多线螺纹的形成原理，分线方法有轴向分线法和圆周分线法两种。

（1）轴向分线法　轴向分线法是当车好一条螺旋线后，把车刀轴向移动一个螺距，接着车削第二条螺旋线。这种方法只需精确测量出车刀的移动距离，就可达到分线的目的。

1）小拖板刻度分线法。小拖板刻度分线法是利用小拖板刻度控制车刀移动所需的距离（螺距），以达到分线的目的。用小拖板刻度分线的方法简单，不需要其他辅助工具就能进行。

2）块规分线法。块规分线法比小拖板刻度分线法精确。

使用这两种方法之前，都必须把小拖板导轨校正到与工件轴线平行，否则会造成分线误差。

（2）圆周分线法　从端面上看，双线螺纹两条线的起始点相隔 180°；三线螺纹三条线的起始点在端面上相隔 120°。因此多线螺纹在端面上相隔的角度为：

$$\alpha = 360°/n$$

式中　α——多线螺纹各条线端面相隔的角度（°）；

　　n——多线螺纹的线数。

圆周分线法就是利用以上原理，即当车好第一条螺旋线后，将工件与车刀的传动链脱开，并把工件转过 α 角度，合上传动链再车削另一条螺旋线，这样依次分线，就可把多线螺纹车好。

1）挂轮分线法。这种分线方法的优点是精度较高，但是，分线数受挂轮齿数的限制，另外操作也比较繁琐。

2）分度盘分头法。这种方法的分度精度主要决定于分度盘精度。分度盘上的分度孔可用精密分度盘在坐标镗床上加工，因此可以获得较高的分度精度。用这种方法进行分线，操作方便，是一种较理想的分度工具。

3. 多线螺纹的车削步骤

车多线螺纹时必须注意，绝不能把一条螺旋线全部车好后，再车另外的螺旋线。车削时应按下列步骤进行：

1）粗车第一条螺旋线，记住中拖板和小拖板的刻度。

2）进行分线，粗车第二条、第三条螺旋线……如果用圆周分线法，背吃刀量（中拖板和小拖板的刻度）应与车第一条螺旋线时相同。如用轴向分线法，中拖板刻度与车第一条螺旋线时相同，小拖板精确移动一个螺距。

3）按上述方法精车各条螺旋线。采用左右切削法加工多线螺纹时，为了保证多线螺纹的螺距精度，必须特别注意车每一条螺旋线的车刀轴向移动量（借刀量）应该相等。

以上方法与步骤同样适用于多头蜗杆的车削。

【技能训练】

用 CA6140A ×1000 型车床，加工出如图 12-1 所示的双头蜗杆轴，并达到图样所示的精度要求。双头蜗杆轴的毛坯材料为 45 钢，尺寸为 ϕ60mm ×280mm。

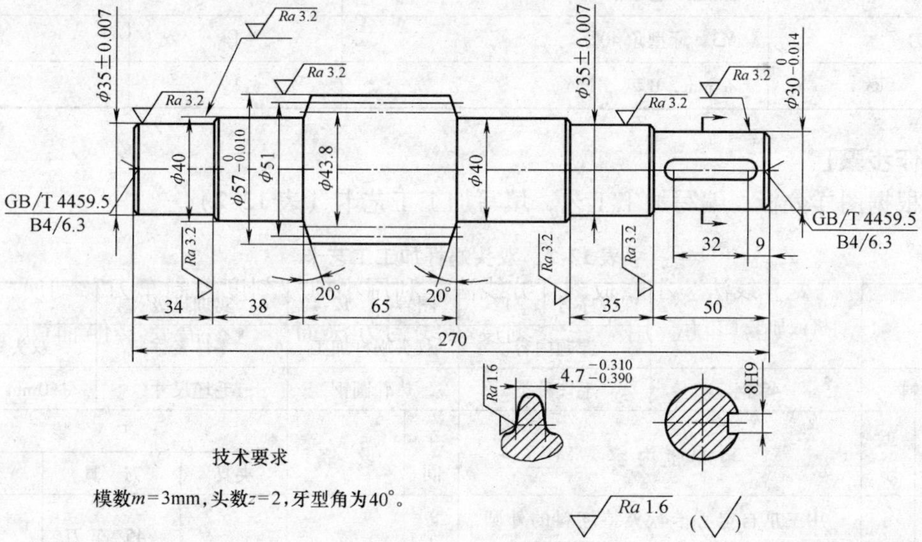

图 12-1　双头蜗杆轴

1. 训练要求

1）时间：6h。

2）机床各手柄调整正确，站立位置正确。

3）教学组织要求：每人使用一台车床，一套工具、量具，一块毛坯材料，按操作步骤组织学习。

2. 训练内容

加工零件如图 12-1 所示。

3. 工量具（表 12-1）

表 12-1 工量具

名称	规格型号	数量	备注
游标卡尺	0~300mm，0.02mm	1	
外径千分尺	25~50mm，50~75mm，0.01mm	各 1	
高度游标卡尺	300mm	1	
齿厚游标卡尺	M1，16mm	1	
刀台扳手	配 CA6140 车床	1	
卡盘扳手	配 CA6140 车床	1	
叉口扳手	17~19mm	1	
活扳手	250mm	1	
钻夹头	莫氏 5#	1	
活顶尖	莫氏 5#	1	
45°车刀	25mm×25mm	1	
90°偏刀	25mm×25mm	1	
蜗杆车刀	M3，牙型角 40°	1	
中心钻	ϕ3mm，B 型	1	

【操作步骤】

1）根据图样分析，编写加工工艺，填写加工工艺卡（表 12-2）。

表 12-2 双头蜗杆加工工艺卡

<table>
<tr><td colspan="3" rowspan="2">（单位）</td><td rowspan="2">机械加工工艺卡</td><td>课题序号</td><td>12</td><td>图号</td><td>12-1</td><td>实训班级</td><td colspan="2"></td></tr>
<tr><td colspan="2">课题内容</td><td colspan="2">双头蜗杆加工</td><td>零件名称</td><td colspan="2">双头蜗杆轴</td></tr>
<tr><td colspan="3">材料</td><td>45 钢</td><td colspan="2">毛坯种类</td><td colspan="2">热轧圆钢</td><td>毛坯尺寸</td><td colspan="2">ϕ60mm×275mm</td></tr>
<tr><td rowspan="2">工序</td><td rowspan="2">工种</td><td rowspan="2">工步</td><td rowspan="2">工序内容</td><td rowspan="2">车间</td><td rowspan="2" colspan="3">设备</td><td colspan="3">工装</td></tr>
<tr><td>夹具</td><td>刀具</td><td>量具</td></tr>
<tr><td rowspan="2">1</td><td rowspan="2">车</td><td>1</td><td>用三爪自定心卡盘夹持坯料的外圆，伸出长度小于 30mm，车端面，钻中心孔 B3</td><td rowspan="2"></td><td rowspan="2" colspan="3">CA6140A</td><td>卡盘装夹</td><td>45°车刀、中心钻</td><td>游标卡尺</td></tr>
<tr><td>2</td><td>调头用三爪自定心卡盘夹持坯料的外圆，车端面，保证总长尺寸为 270mm，钻中心孔</td><td>卡盘装夹</td><td>45°车刀、中心钻</td><td>游标卡尺</td></tr>
</table>

（续）

工序	工种	工步	工序内容	车间	设备	工装 夹具	工装 刀具	工装 量具
1	车	3	采用双顶尖装夹，粗、精车外圆达到尺寸为 ϕ（35 ± 0.007）mm × 34mm、ϕ40mm×38mm 要求。车削倒角 $C1$、20°		CA6140A	双顶尖	45°车刀、90°偏刀、	游标卡尺、千分尺
		4	调头采用双顶尖装夹，粗、精车 $\phi57_{-0.010}^{\ 0}$mm、ϕ40mm、ϕ（35 ± 0.007）mm、$\phi30_{-0.041}^{\ 0}$mm 达到图样尺寸精度要求，车削倒角 $C1$、20°			双顶尖	45°车刀、90°偏刀	游标卡尺、千分尺
		5	粗、精车模数 $m=3$ 的双头蜗杆至图样要求		CA6140A	双顶尖	蜗杆车刀	齿厚游标卡尺
2	铣		铣键槽		铣床	平口钳	8mm 立铣刀	游标卡尺
3			检验					游标卡尺、千分尺、齿厚游标卡尺

2）装夹毛坯，安装刀具，调整机床。

3）按工时进行加工。

4）加工完毕，检验加工精度并交件。

【考核标准】（表 12-3）

表 12-3　考核表

姓名		班级		实训项目		零件编号	
序号	考核项目	考核内容及要求 尺寸精度	考核内容及要求 表面粗糙度	评分标准	配分	检测结果	得分
1	长度（40 分）	ϕ(35 ± 0.007) mm（两处）	Ra3.2μm	超差全扣	8 + 2		
		ϕ40mm（两处）	Ra3.2μm	超差全扣	3 + 1		
		$\phi30_{-0.041}^{\ 0}$mm	Ra3.2μm	超差全扣	4 + 1		
		34mm		超差全扣	4		
		38mm		超差全扣	4		
		35mm		超差全扣	3		
		50mm		超差全扣	4		
		270mm		超差全扣	5		
		1.5mm × 4.5mm（2 处）			1		

（续）

序 号	考核项目	考核内容及要求		评分标准	配 分	检测结果	得 分
		尺寸精度	表面粗糙度				
1	螺纹（50分）	$\phi57_{-0.010}^{0}$mm	$Ra3.2\mu m$	超差全扣	10+2		
		$\phi47_{-0.390}^{-0.310}$mm	$Ra1.6\mu m$	超差全扣	13+2		
		$\phi43.8$mm		超差全扣	8		
		65mm		超差全扣	5		
		$2\times20°$		超差全扣	4		
		40°		超差全扣	4		
		$R0.9$mm		超差全扣	2		
4	安全文明生产	1. 车床安全操作规程 2. 工、夹、刀、量具放置及使用规范 3. 机床维护保养 4. 工作场地清理			10		
5	按时完成工件	1. 超时10min，扣5分 2. 超时20min，扣10分 3. 超时30min，不得分					
6	总配分（100分）						
工时定额		6h		指导教师			

【拓展训练】

（一）理论练习题

1. 选择题

（1）梯形螺纹中径的计算公式是（　　）。

A. $d_2=d-P$　　B. $d_2=d-0.518P$　　C. $d_2=d-0.5P$

（2）安装螺纹车刀时，刀尖应与中心等高，刀尖角的对称中心线（　　）工件轴线。

A. 平行于　　B. 倾斜于　　C. 垂直于

（3）三针测量是测量外螺纹（　　）的一种比较精密的方法。

A. 小径　　B. 中径　　C. 大径

（4）三针测量梯形螺纹中径的简化计算公式为（　　）。

A. $M=d_2+3d_D-0.866P$　　B. $M=d_2+3.166d_D-0.961P$　　C. $M=d_2+4.864d_D-1.866P$

（5）法向直廓蜗杆的齿形在法平面内为（　　）。

A. 直线　　B. 阿基米德螺旋线　　C. 延长渐开线

（6）蜗杆导程的计算公式是（　　）。

A. $P=\pi m_x$　　B. $P=z\pi m_x$　　C. $Q=d_1/m_x$

（7）蜗杆分度圆直径的计算公式是（　　）。

A. $d_1=q(m_x-2.4)$　　B. $d_1=qm_x$　　C. $d_1=q(m_x+2)$

（8）车多头蜗杆时，最简便的分头方法是（　　）。

A. 小滑板刻度分头法　　B. 百分表分头法　　C. 交换齿轮分头法

（9）蜗杆粗车刀的刀尖宽度应（　　）齿根槽宽。

A. 小于　　B. 等于　　C. 大于

2. 简答题

多头蜗杆的分头方法有哪两种？每一种又有哪些具体方法？

（二）技能练习题

加工如图 12-2 所示的零件，具体要求如下：

1）时间：4h。

2）能车削多头蜗杆零件。

3）能对多头蜗杆进行合理检测。

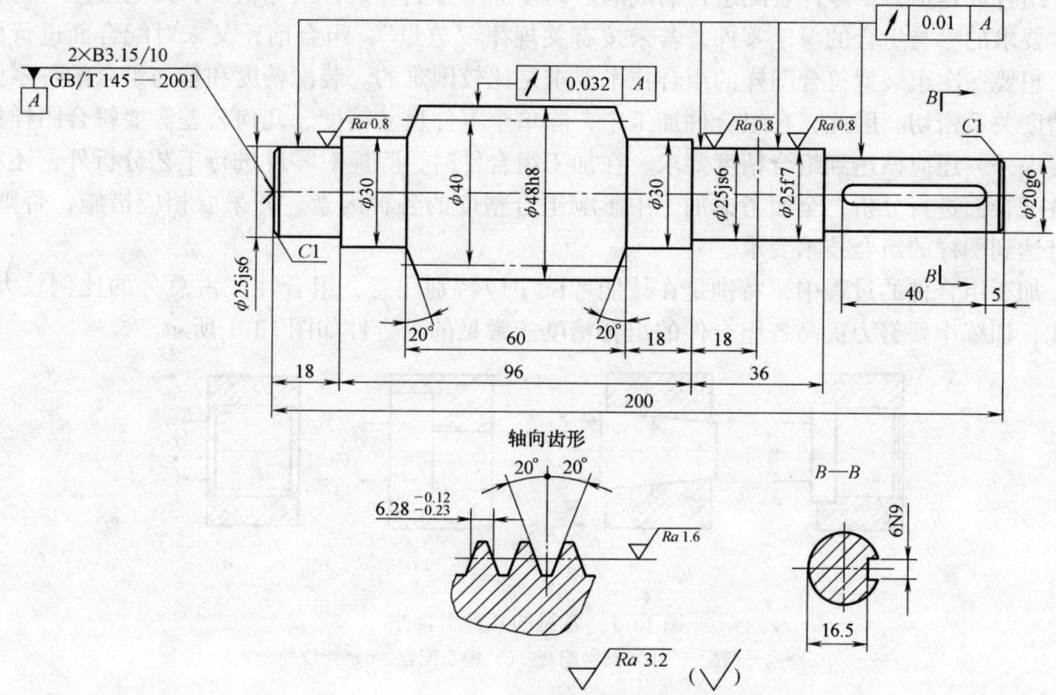

蜗杆型式	阿基米德蜗杆
轴向模数	4mm
头 数	2
压力角	20°
螺旋方向	右
精度等级	8DC

图 12-2　多头蜗杆轴

课题十三　车削偏心组合件

【学习目标】

（1）了解和掌握安装法车削偏心零件，保证偏心精度的原理。

（2）掌握各种安装法车削偏心零件的操作要领。

（3）掌握安装法车削零件的技能，并能根据图样要求，加工出合格的偏心零件。

【相关知识】

组合件是由多个零件装配组合而成的。即使加工方法一致，尺寸精度、几何公差均符合图样要求的参与组合的单个零件，若未按有关规律“放量”，组合前，又未对配合面进行修配，想要一次组装就符合图样的组合技术要求是比较困难的。装配精度和参与组合的各零件的精度关系密切。因此，在组合件加工中，除单个零件尺寸精度、几何公差等要符合图样技术要求外，还应该达到组合精度要求。在加工组合件时，除应对零件进行工艺分析外，还应对各配合面进行分析，全面考虑加工中影响组合精度的各种因素，并采取相应措施，否则，很难达到图样的组合技术要求。

加工组合件的过程中，特别是在技能考试中应特别注意，组合往往占总分的比例较大，因此，训练中要努力提高各组合件的组合精度。常见的组合件如图 13-1 所示。

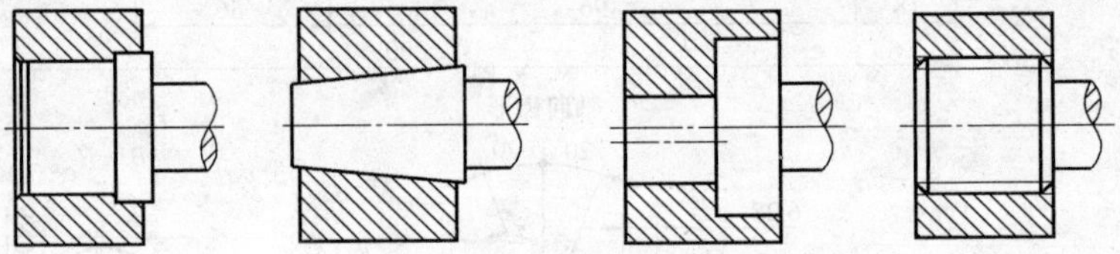

a)　　b)　　c)　　d)

图 13-1　常见的几种组合件

a）内外圆配合　b）圆锥配合　c）偏心配合　d）螺纹配合

在多件零件的组合件中，用以作为其他零件组合基准的零件称为装配基准，装配基准可以是一个完整的零件，也可以是零件的一部分。

针对车削加工而言，因外圆尺寸精度比较容易控制，装配基准选择外圆的较多，如外圆直径、外螺纹、外圆锥等。在加工组合件时，可将加工好的装配基准用作量规或塞规，用来检验与之组合的相关件，这样，不但能使组合件得到较高的配合精度，满足零件组合要求，同时，也便于控制内圆锥、内螺纹等较难测量部分的尺寸。这种方法称为安装法。

在对组合件进行工艺分析后，正确选择装配基准，合理拟定装配基准加工方法和工序是至关重要的。

【技能训练】

用 CA6140A × 1000 型车床，加工出如图 13-2 所示的偏心轴、偏心套组合件，并达到图样所示的精度要求。偏心轴、偏心套组合件毛坯材料为 45 钢，尺寸为 $\phi35\text{mm}\times40\text{mm}$，$\phi45\text{mm}\times45\text{mm}$。

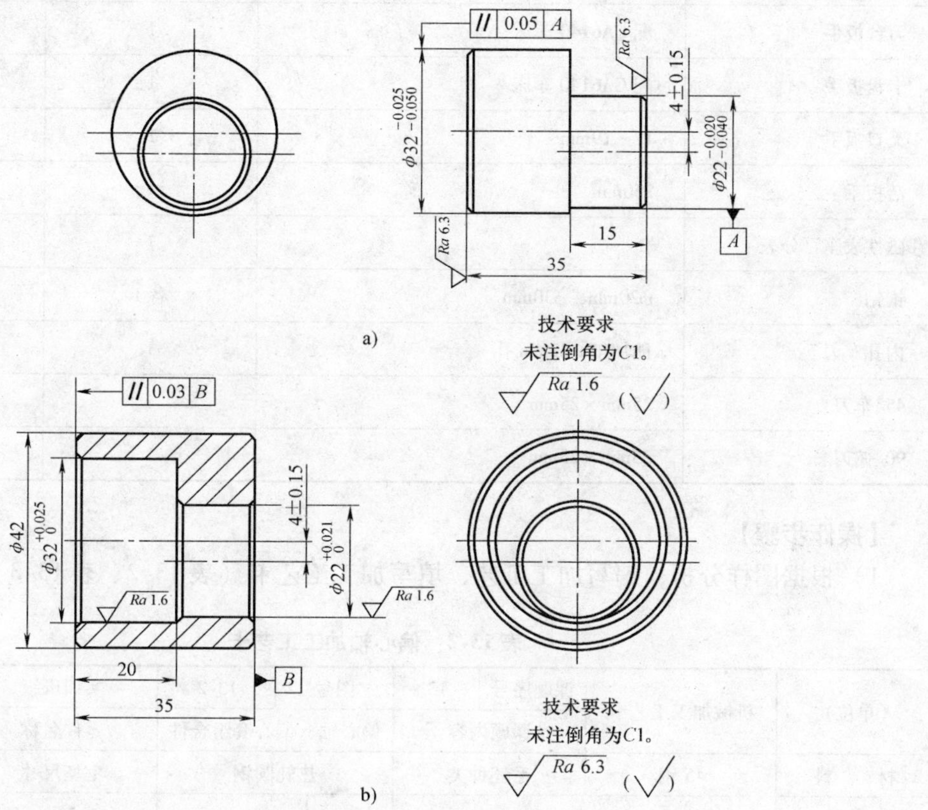

图 13-2　偏心轴、偏心套组合件

a）偏心轴　b）偏心套

1. 训练要求

1）时间：5h。

2）机床各手柄调整正确，站立位置正确。

3）教学组织要求：每人使用一台车床，一套工具、量具，一块毛坯材料，按操作步骤组织学习。

2. 训练内容

加工零件如图 13-2 所示。

3. 工量具（表 13-1）

表 13-1　工量具

名　称	规格型号	数　量	备　注
游标卡尺	0 ~ 150mm，0. 02mm	1	
外径千分尺	0 ~ 25mm，25 ~ 50mm，0. 01mm	各 1	
内径百分表	ϕ（18 ~ 35）mm	1	

（续）

名　　称	规格型号	数　量	备　注
刀台扳手	配 CA6140 车床	1	
卡盘扳手	配 CA6140 车床	1	
叉口扳手	17～19mm	1	
活扳手	250mm	1	
磁性表座百分表		1	
锥钻	ϕ20mm，ϕ30mm	各 1	
内孔车刀	能加工 ϕ22mm 孔	1	
45°车刀	25mm×25mm	1	
90°偏刀	25mm×25mm	1	

【操作步骤】

1）根据图样分析，编写加工工艺，填写加工工艺卡（表 13-2、表 13-3）。

表 13-2　偏心轴加工工艺卡

（单位）			机械加工工艺卡	课题序号	13	图号	13-2	实训班级
				课题内容	偏心轴、偏心套组合件		零件名称	偏心轴
材　料			45 钢	毛坯种类	热轧圆钢		毛坯尺寸	ϕ35mm×40mm
工序	工种	工步	工序内容	车间	设备	工装：夹具	工装：刀具	工装：量具
1	车	1 2 3	用三爪自定心卡盘夹住毛坯外圆，伸出长度为 25mm，车端面 粗、精车 $\phi32^{-0.025}_{-0.050}$mm×20mm 至尺寸要求 车倒角 $C1$		CA6140A	卡盘装夹	45°车刀、90°偏刀	游标卡尺、千分尺
2	车	1 2 3 4	调头装夹（垫铜皮），垫垫片，调整好偏心距（4±0.15）mm 车端面，保证总长 35mm 粗、精车偏心轴至尺寸 $\phi22^{-0.020}_{-0.040}$mm×15mm 车倒角 $C1$		CA6140A	卡盘装夹	45°车刀 90°偏刀	游标卡尺、千分尺、磁性表座、百分表
3			检验各部分尺寸					

表 13-3　偏心套加工工艺卡

(单位)			机械加工工艺卡	课题序号 13	图号 13-2	实训班级		
				课题内容	偏心轴、偏心套组合件	零件名称		偏心套
材　料			45 钢	毛坯种类	热轧圆钢	毛坯尺寸		ϕ45mm×45mm
工序	工种	工步	工序内容	车间	设　备	工　装		
						夹具	刀　具	量　具
1	车	1 2 3 4	用三爪自定心卡盘夹持工件一端，伸出长度 36mm，车端面 车外圆 ϕ42mm 至尺寸要求，钻 ϕ30mm 孔，深度 20mm（包括钻尖） 粗、精车内孔至尺寸 $\phi32^{+0.025}_{0}$ mm 车内外倒角 $C1$，外圆倒钝		CA6140A	卡盘装夹	45° 车刀、90° 偏刀、ϕ30mm锥钻、内孔车刀	游标卡尺、内径百分表、千分尺
2	车	1 2 3 4	调头装夹（垫铜皮），垫垫片，调整好偏心距（4±0.15）mm 车端面，保证总长 35mm 钻 ϕ20mm 偏心孔，粗、精车偏心孔 $\phi22^{+0.02}_{0}$ mm 至尺寸要求 车倒角 $C1$，外圆倒钝		CA6140A	卡盘装夹	45°车刀 90° 偏刀、ϕ20mm锥钻、内孔车刀	游标卡尺、内径百分表、千分尺、百分表、磁性表座
3			检验各部分尺寸					

2）装夹毛坯，安装刀具，调整机床。

3）按工时进行加工。

【考核标准】（表 13-4）

表 13-4　考核表

姓名		班级		实训项目		零件编号	
序　号	考核项目	考核内容及要求		评分标准	配　分	检测结果	得　分
		尺寸精度	表面粗糙度				
1	直径（22 分）	$\phi22^{-0.020}_{-0.040}$ mm	$Ra1.6\mu m$	超差全扣	6+2		
		$\phi32^{-0.020}_{-0.050}$ mm	$Ra1.6mm$	超差全扣	6+2		
		偏心距（4±0.15）mm		超差全扣	6		
	长度（8 分）	15mm	$Ra6.3\mu m$	超差全扣	3+1		
		35mm	$Ra6.3\mu m$	超差全扣	3+1		
	倒角（3 分）	$C1$（3 处）		超差全扣	1×3		
	平行度（7 分）	∥ 0.05 A		超差全扣	7		
2	直径（26 分）	$\phi32^{+0.025}_{0}$ mm	$Ra1.6\mu m$	超差全扣	6+2		
		$\phi22^{+0.021}_{0}$ mm	$Ra1.6\mu m$	超差全扣	6+2		
		偏心距（4±0.15）mm	$Ra1.6\mu m$	超差全扣	6		
		ϕ42mm	$Ra6.3\mu m$	超差全扣	3+1		

（续）

序号	考核项目	考核内容及要求		评分标准	配分	检测结果	得分
		尺寸精度	表面粗糙度				
2	长度（7分）	35mm	$Ra6.3\mu m$ （2处）	超差全扣	2+2		
		20mm	$Ra6.3\mu m$	超差全扣	2+1		
	倒角（3分）	C1（3处）		超差全扣	3		
	平行度（4分）	∥ 0.03 B		超差全扣	4		
3	配合尺寸（10分）	$\phi22mm$ 孔轴		超差全扣	2		
		$\phi32mm$ 孔轴		超差全扣	2		
		左端面		超差全扣	2		
		右端面		超差全扣	2		
		轴套两平面差 ≤0.02mm		超差全扣	2		
4	安全文明生产	1. 车床安全操作规程 2. 工、夹、刀、量具放置及使用规范 3. 机床维护保养 4. 工作场地清理			10		
5	按时完成工件	1. 超时10min，扣5分 2. 超时20min，扣10分 3. 超时30min，不得分					
6	总配分 （100分）						
工时定额		5h		指导教师			

【拓展训练】

（一）理论练习题

1. 选择题

（1）在三爪自定心卡盘上车偏心工件时，垫片厚度大约等于偏心距的（　　）倍。

A. 0.5　　B. 1.5　　C. 2

（2）车削偏心工件的数量较少，长度较短时，用（　　）装夹。

A. 四爪单动卡盘　　B. 三爪自定心卡盘　　C. 专用夹具

（3）偏心精度要求较高，数量较多的偏心工件，可在（　　）上车削。

A. 四爪单动卡盘　　B. 三爪自定心卡盘　　C. 专用夹具

（4）在两顶尖间测量偏心距时，百分表指示出的（　　）就等于偏心距。

A. 最大值和最小值之差的一半

B. 最大值和最小值之差

C. 最大值和最小值之差的两倍

(5) 偏心距较大或无中心孔的偏心工件，可在（　　）测量偏心距。

A. 两顶尖间　　B. V形块上　　C. 圆柱心轴上

(6) 偏心距大且较复杂的曲轴，可用（　　）装夹工件。

A. 偏心套　　B. 两顶尖　　C. 偏心夹板

(7) 使用支撑螺钉增加曲轴刚性时，支撑力要（　　），防止曲轴变形和螺钉甩出。

A. 较小　　B. 适当　　C. 较大

(8) 在车削曲柄颈及扇板开档时，可在曲轴中间使用（　　）。

A. 中心架　　B. 跟刀架　　C. 中心架偏心套

(9) 直径大、要求高的盘类薄壁工件，可用（　　）装夹。

A. 卡盘　　B. 心轴　　C. 花盘

2. 简答题

偏心工件的装夹方法有哪几种？各适用于什么情况？

(二) 技能练习题

加工如图13-3、图13-4、图13-5、图13-6所示零件，具体要求如下：

1) 时间：5.5h。

2) 各工件的尺寸精度、几何精度、表面粗糙度达到图样要求；不准使用砂布、油石等辅助加工表面；组装后达到装配图样规定的尺寸精度、几何精度及其他技术要求。

3) 正确执行国家颁布的安全生产法规和有关规定，做到工作场地整洁，工件、夹具、量具、刀具等放置合理、整齐。

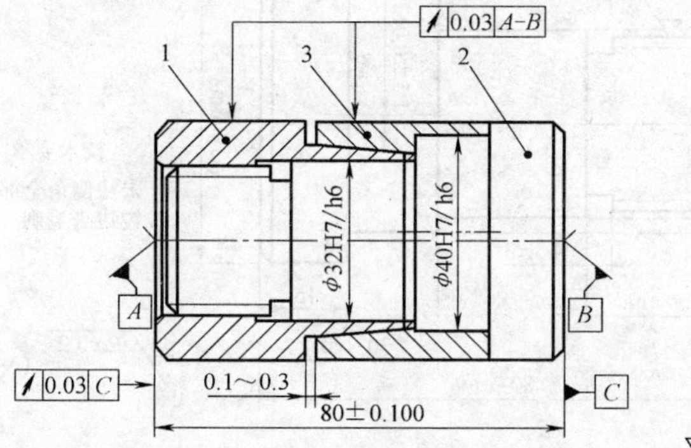

技术要求

圆锥配合接触面积大于70%。

件号	零件名称	数量	材料	备注
3	偏心套	1	45	调质32～48HRC
2	偏心轴	1	45	调质32～48HRC
1	螺母	1	45	

偏心锥组合件		比例	1:1	共　页
		重量		第　页
制图			(单位)	
校核				

图13-3　偏心锥组合件

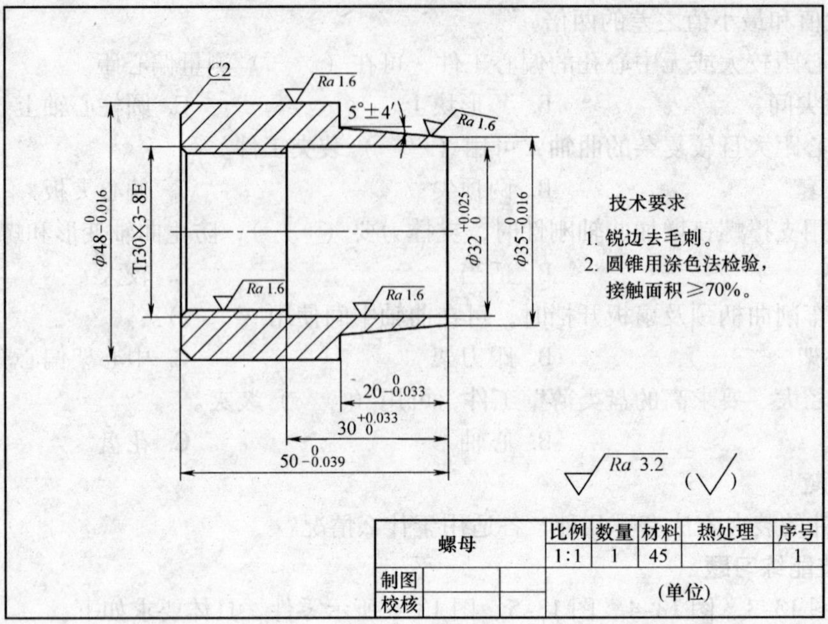

图 13-4　螺母

图 13-5　偏心轴

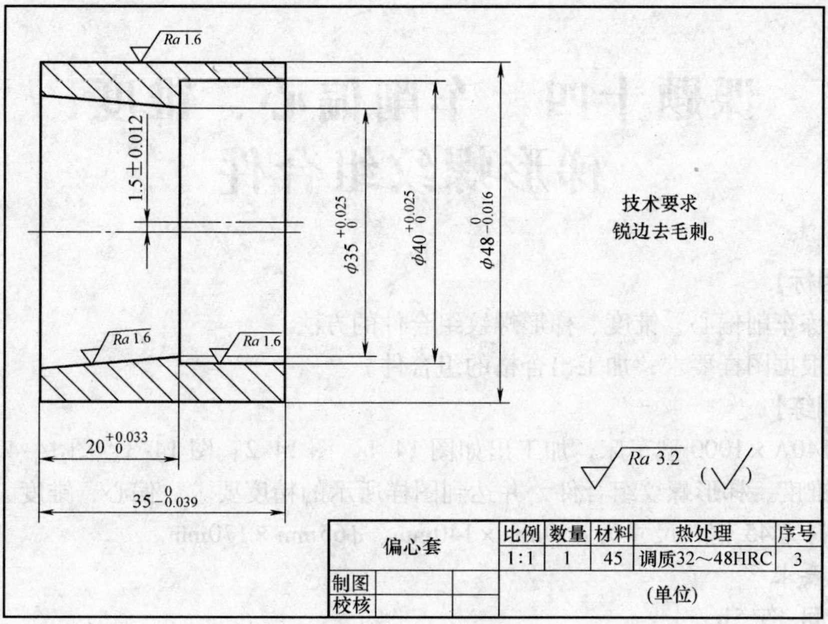
Ra 1.6
1.5±0.012
φ35 +0.025 0
φ40 +0.025 0
φ48 0 −0.016
技术要求
锐边去毛刺。
Ra 1.6
Ra 1.6
20 +0.033 0
35 0 −0.039
Ra 3.2
(√)
偏心套
比例 数量 材料 热处理 序号
1:1 1 45 调质32～48HRC 3
制图
校核
(单位)

图 13-6 偏心套

课题十四　车削偏心、锥度、梯形螺纹组合件

【学习目标】

（1）熟练车削偏心、锥度、梯形螺纹组合件的方法。

（2）能根据图样要求，加工出合格的组合件。

【技能训练】

用 CA6140A×1000 型车床，加工出如图 14-1、图 14-2、图 14-3、图 14-4、图 14-5 所示的偏心、锥度、梯形螺纹组合件，并达到图样所示的精度要求。偏心、锥度、梯形螺纹组合件毛坯材料为 45 钢，尺寸为 ϕ50mm×140mm、ϕ65mm×170mm。

1. 训练要求

（1）时间：5.5h。

（2）机床各手柄调整正确，站立位置正确。

（3）教学组织要求：每人使用一台车床，一套工具、量具，一块毛坯材料，按操作步骤组织学习。

2. 训练内容

加工零件如图 14-1、图 14-2、图 14-3、图 14-4、图 14-5 所示。

3. 工量具（表 14-1）

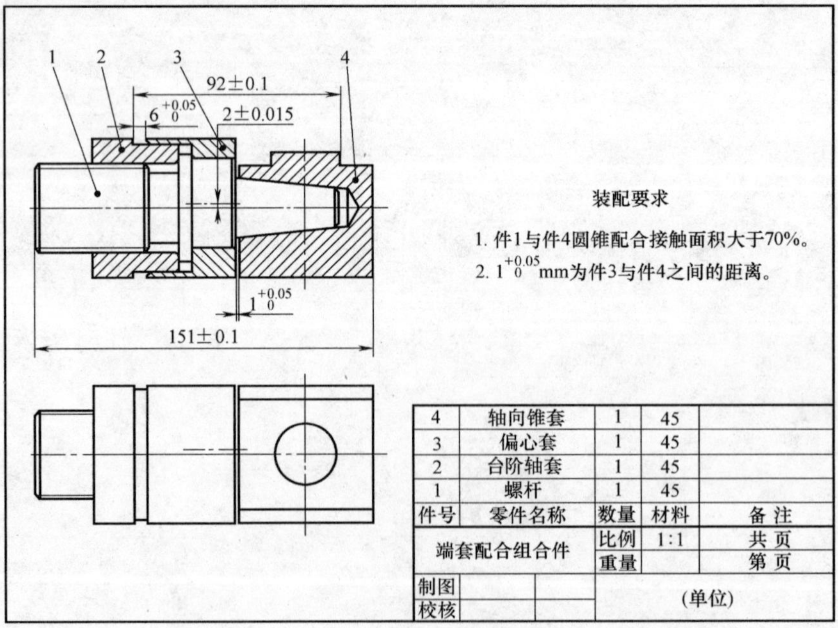

图 14-1　偏心、锥度、梯形螺纹组合件

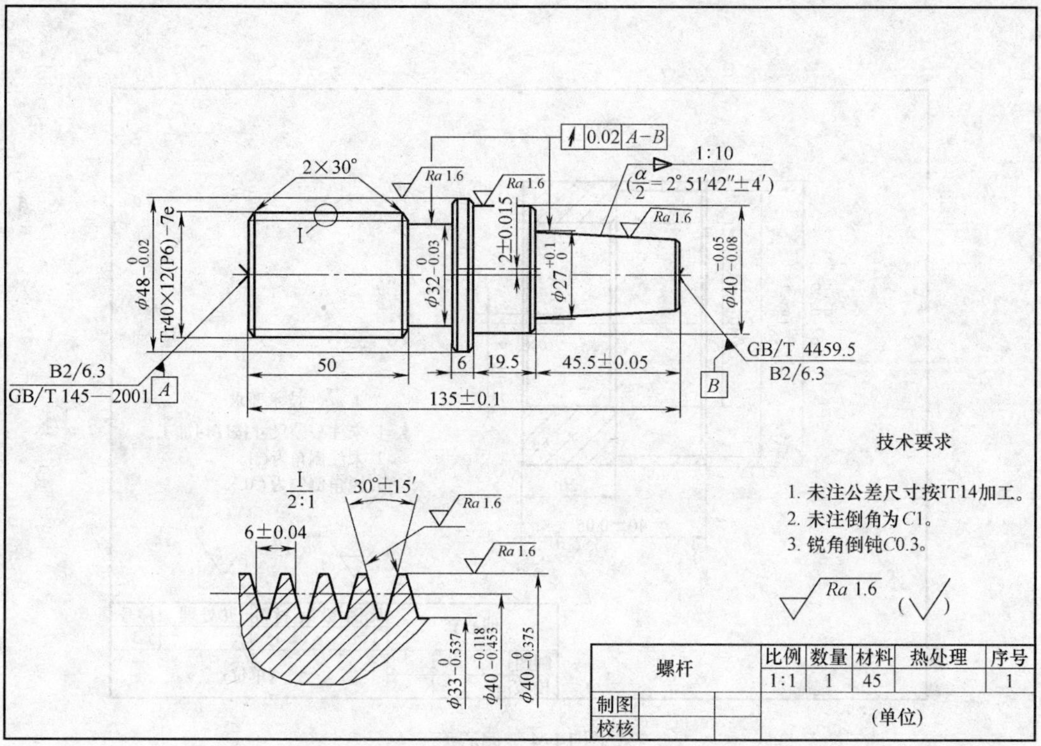

图 14-2　螺杆

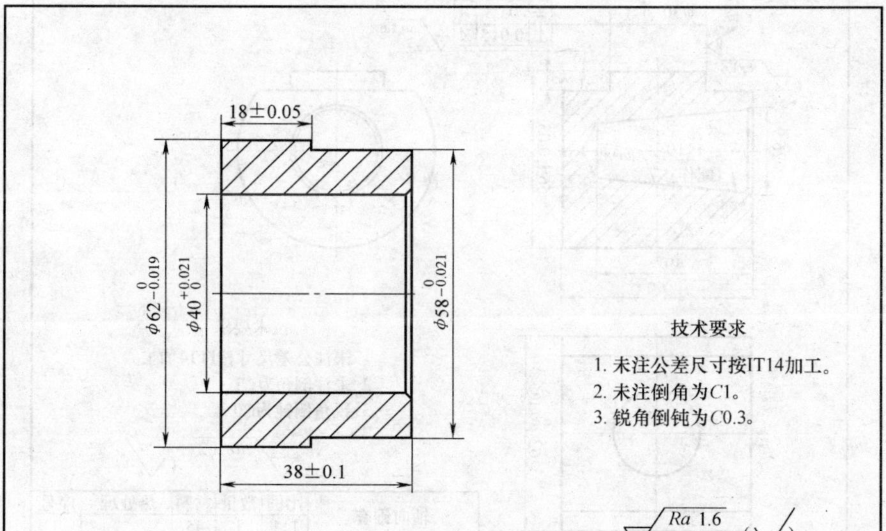

图 14-3　台阶轴套

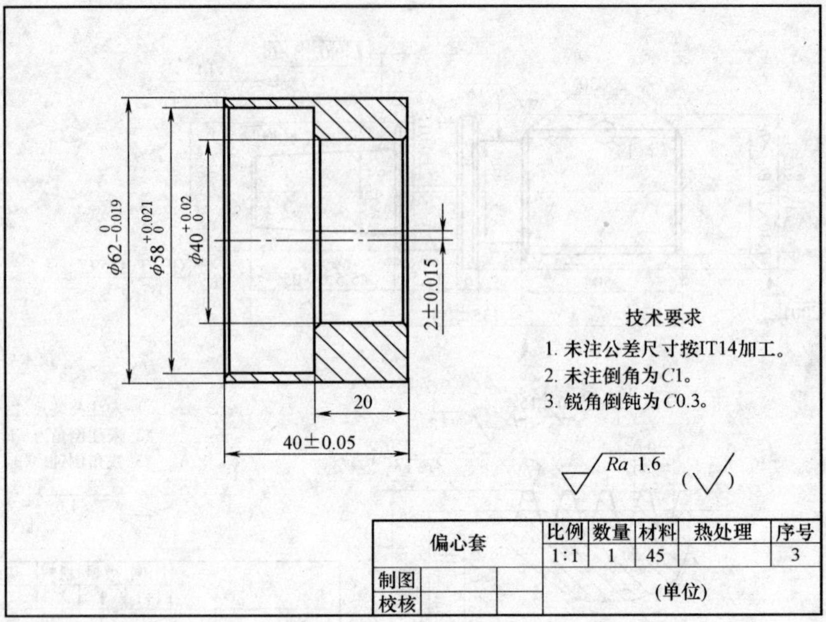

图 14-4　偏心套

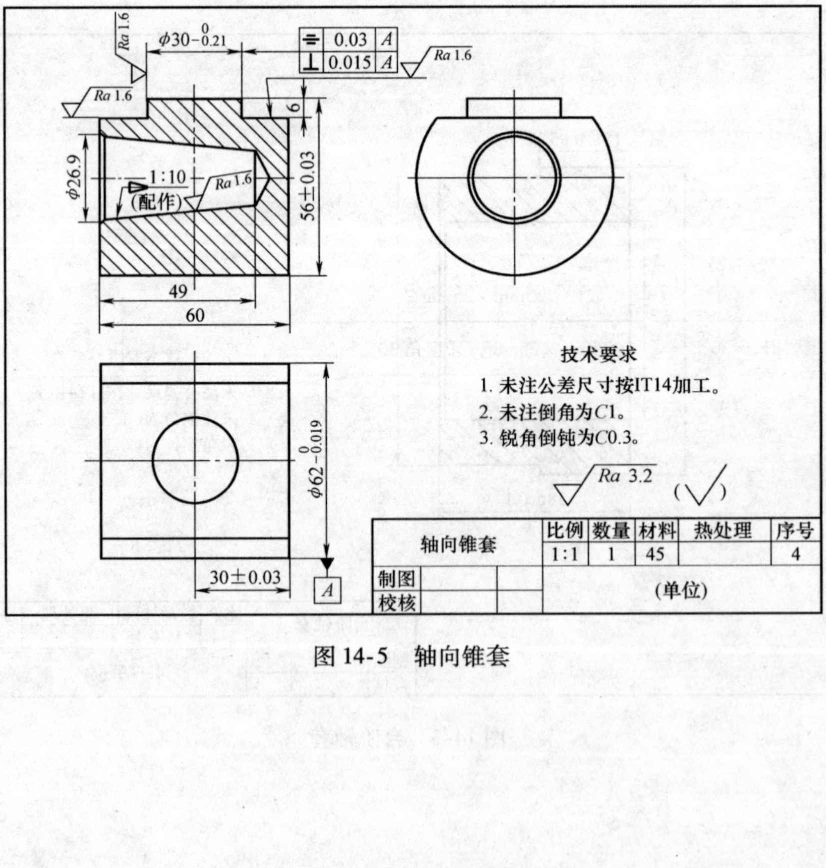

图 14-5　轴向锥套

表 14-1　工量具

名　称	规格型号	数　量	备　注
游标卡尺	0～200mm，0.02mm	1	
外径千分尺	25～50mm，50～75mm，0.01mm	1	
游标万能角度尺	0～320°，±5′	1	
公法线千分尺	25～50mm，0.01mm	1	
三针	ϕ3.108mm	3	
塞尺	1～0.02mm	1	
刀台扳手	配 CA6140 车床	1	
卡盘扳手	配 CA6140 车床	1	
叉口扳手	17～19mm	1	
活扳手	250mm	1	
钻夹头	莫氏 5#	1	
中心钻	ϕ3mm	1	
内径百分表	ϕ(35～50)mm、ϕ(50～160)mm	各 1	
锥柄钻头	ϕ25mm	1	
锥柄钻头	ϕ35mm	1	
活顶尖	莫氏 5#	1	
百分表	0～10mm	1	
磁性表座		1	
45°车刀	25mm×25mm	1	
90°偏刀	25mm×25mm	1	
内、外梯形螺纹刀	25mm×25mm，牙型角 30°。	1	
切断刀	25mm×25mm	1	
内孔刀	可加工 ϕ25mm	2	
锉刀	250mm	1	
砂布	100#	1	

【操作步骤】

1）根据图样分析，编写加工工艺，填写加工工艺卡（表 14-2、表 14-3、表 14-4、表 14-5）。

表 14-2 螺杆加工工艺卡

（单位）	机械加工工艺卡	课题序号	14	图号	14-2	实训班级	
		课题内容		组合件的加工		零件名称	螺杆
材料	45 钢	毛坯种类		热轧圆钢		毛坯尺寸	ϕ50mm × 140mm

工序	工种	工步	工序内容	车间	设备	工装 夹具	工装 刀具	工装 量具
1	车	1	用三爪自定心卡盘夹持坯料外圆，伸出长度为 85mm，车端面，钻中心孔 B2，用活顶尖顶紧				45° 车刀、中心钻	游标卡尺
2	车	1	粗车外圆 $\phi27^{+0.1}_{0}$ mm × (45.5 ± 0.05) mm、$\phi48^{0}_{-0.021}$ mm × 6mm，直径各留 1 ~ 1.5mm 余量。偏心圆 $\phi40^{-0.025}_{-0.075}$ mm 车至 ϕ47mm，长度为 19.5mm			三爪卡盘	90°偏刀	游标卡尺
		2	调头夹持 $\phi40^{-0.025}_{-0.075}$ mm（即 ϕ47mm）处，车端面保证总长尺寸（135 ± 0.1）mm，钻中心孔 B2		CA6140A		45° 车刀、中心钻	游标卡尺
		3	粗车梯形螺纹 Tr40 × 12(p6) − 7h 外圆，留 1mm 余量，粗车螺纹空刀槽底径 $\phi32^{0}_{-0.034}$ mm 至 ϕ33mm × 12mm				90° 偏刀、切断刀	游标卡尺
3	车	1	采用两顶尖装夹方式，精车梯形螺纹 Tr40 × 12(p6) − 7h 外圆至 $\phi40^{0}_{-0.375}$ mm 尺寸，倒角 2mm × 30°（两处）；精车退刀槽 $\phi32^{0}_{-0.034}$ mm × 12mm 至尺寸要求；粗、精车梯形螺纹 Tr40 × 12(p6) − 7h 至尺寸			两顶尖装夹	梯形螺纹车刀、切断刀、90°偏刀	游标卡尺、千分尺、公法线千分尺、三针
		2	调头装夹（两顶尖），精车外圆 $\phi27^{+0.1}_{0}$ mm，长（45.5 ± 0.05）mm、偏心圆 $\phi40^{-0.05}_{-0.075}$ mm 粗车至 ϕ45mm × 19.5mm、$\phi48^{0}_{-0.021}$ mm × 6mm 至尺寸		CA6140A	两顶尖	90°偏刀	游标卡尺
		3	偏移小滑板角度 2°51′42″，精车 1∶10 外锥体至尺寸。车倒角 C_1 两处					百分表、磁性表座
4	车		采用三爪自定心卡盘夹持梯形螺纹处（垫铜片），垫片调整偏心距为（2 ± 0.015）mm，精车偏心圆至尺寸 $\phi40^{-0.05}_{-0.075}$ mm × 19.5mm，车倒角 $C1$		CA6140A	三爪自定心卡盘	45° 车刀、90° 偏刀	游标卡尺、千分尺、百分表、磁性表座
5			检验					

表 14-3　台阶轴套加工工艺卡

（单位）		机械加工工艺卡	课题序号	14	图号	14-3	实训班级	
			课题内容		组合体件的加工		零件名称	台阶轴套
材料		45 钢	毛坯种类		热轧圆钢		毛坯尺寸	ϕ65mm×170mm
工序	工种	工步	工序内容	车间	设备	工装		
						夹具	刀具	量具
1	车	1	夹持坯料外圆，伸出长度≥50mm，找正。车端面，钻孔 ϕ37mm，深度 40mm		CA6140A	三爪自定心卡盘	45°车刀，锥钻 ϕ35mm	游标卡尺
		2	粗、精车外圆 $\phi62_{-0.019}^{0}$ mm 至尺寸				90°偏刀	游标卡尺、千分尺
		3	粗、精车外圆 $\phi58_{-0.021}^{0}$ mm×20mm 至尺寸要求				90°偏刀	游标卡尺、千分尺
		4	粗、精车内孔 $\phi40_{0}^{+0.021}$ mm 至尺寸要求				内孔车刀	千分尺、内径百分表
		5	车削内倒角 $C1$，外圆倒钝 $C\,0.3$		CA6140A	三爪自定心卡盘	内孔车刀、45°车刀	
		6	切断，保证总长 40mm				切断刀	游标卡尺
2	车	1	调头夹持 $\phi58_{-0.021}^{0}$ mm 处（垫铜片），找正，车削端面至总长（38±0.1）mm				45°车刀	游标卡尺、千分尺
		2	车削内倒角 $C1$，外倒角倒钝 $C0.3$				内孔车刀、45°车刀	
3			检验					

表 14-4　偏心套加工工艺卡

（单位）		机械加工工艺卡	课题序号	14	图号	14-4	实训班级	
			课题内容		组合件的加工		零件名称	偏心套
材料		45 钢	毛坯种类		热轧圆钢		毛坯尺寸	ϕ165mm×170mm
工序	工种	工步	工序内容	车间	设备	工装		
						夹具	刀具	量具
1	车	1	夹持坯料外圆，伸出长度≥43mm，找正，车端面，钻 ϕ35mm 孔，深度 43mm		CA6140A	三爪自定心卡盘	45°车刀、锥钻 ϕ35mm	游标卡尺
		2	粗、精车外圆 $\phi62_{-0.019}^{0}$ mm×42mm 至尺寸要求				90°偏刀	千分尺

（续）

工序	工种	工步	工序内容	车间	设备	工装：夹具	工装：刀具	工装：量具
1	车	3	粗、精车内孔 $\phi58_{-0.021}^{0}$ mm×20mm 至尺寸要求		CA6140A	三爪自定心卡盘	内圆车刀	内径百分表
		4	车削内倒角 C1，外圆倒钝 C0.3				内圆车刀	
		5	切断，保证总长 42mm		CA6140A		切断刀	游标卡尺
2	车	1	调头夹持 $\phi62_{-0.019}^{0}$ mm 处，垫垫片调整偏心至（2±0.015）mm，车削端面至总长（40±0.05）mm		CA6140A	三爪自定心卡盘	45°车刀	游标卡尺
		2	粗、精车偏心孔 $\phi40_{0}^{+0.021}$ mm 至尺寸要求				内孔车刀	千分尺、内径百分表
		3	车削内倒角 1×45°，外圆倒钝 C0.3				45°车刀	
3			检验					

表 14-5 轴向锥套加工工艺卡

（单位）	机械加工工艺卡	课题序号	14	图号	14-5	培训班级	
		课题内容		组合件的加工		零件名称	轴向锥套
材料	45 钢	毛坯种类		热轧圆钢		毛坯尺寸	ϕ50mm×170mm

工序	工种	工步	工序内容	车间	设备	工装：夹具	工装：刀具	工装：量具
1	车	1	用三爪自定心卡盘夹持剩余坯料，棒料伸出卡盘长度 65mm，找正。粗车端面，钻孔 ϕ20mm，深度 50mm		CA6140A	三爪自定心卡盘	45°车刀、ϕ20mm 锥钻	游标卡尺
2	车	1	粗、精车外圆 $\phi62_{-0.019}^{0}$ mm×62mm 至尺寸要求		CA6140A		90°偏刀	游标卡尺、千分尺、游标万能角度尺
		2	调整中滑板转盘角度至 2°51′42″，粗、精车 1:10 内锥孔，与件 1 螺杆 1:10 外锥体配合				内孔车刀	
		3	车削倒角 C1，锐角倒钝 C0.3					
3	车		调头夹持 $\phi62_{-0.019}^{0}$ mm 处（垫铜皮）找正，车端面至尺寸要求 60mm，外圆倒钝 C0.3		CA6140A	三爪自定心卡盘	45°车刀	

（续）

工序	工种	工步	工序内容	车间	设备	工装 夹具	工装 刀具	工装 量具
4	划线		按照图样要求，划出 $\phi30_{-0.021}^{0}$ mm 的十字中心线和找正圆		划线平板		划线工具	高度尺、划线工具
5	车	1	垫铜皮，在四爪单动卡盘上按照划线进行找正		CA6140A	四爪单动卡盘		游标卡尺
		2	粗、精车 $\phi30_{-0.21}^{0}$ mm 圆柱，达到 $\phi30_{-0.21}^{0}$ mm、长度（56 ±0.03）mm 和 6mm 的尺寸要求				90°偏刀	千分尺
6			检验					

2）装夹毛坯，安装刀具，调整机床。

3）按工时进行加工。

【考核标准】（表 14-6）

表 14-6　考核表

姓名		班级		实训项目		零件编号	
序号	考核项目	考核内容及要求 尺寸精度	考核内容及要求 表面粗糙度 *Ra* 值	评分标准	配分	检测结果	得分
1	螺杆（25.5）	$\phi48_{-0.02}^{0}$ mm	1.6	超差全扣	2 +0.5		
		$\phi32_{-0.03}^{0}$ mm	3.2	超差全扣	2 +0.5		
		$\phi27_{0}^{+0.1}$ mm	1.6	超差全扣	1 +0.5		
		$\phi40_{-0.375}^{0}$ mm	1.6	超差全扣	1 +0.5		
		$\phi37_{-0.453}^{-0.118}$ mm	3.2	超差全扣	3 +0.5		
		$\phi40_{-0.08}^{-0.05}$ mm	1.6	超差全扣	2 +0.5		
		（2 ±0.015）mm		超差全扣	4		
		（45.5 ±0.05）mm		超差全扣	2		
		（135 ±0.1）mm		超差全扣	2		
		1∶10 锥度		超差全扣	2		
		30° ±15′（两处）		超差全扣	2		
		2 ×30°（两处）		超差全扣	1		
		50mm、6mm、19.5mm（各一处）		超差全扣	1.5		
		↗ 0.02 *A-B*		超差全扣	4		

（续）

序号	考核项目	考核内容及要求		评分标准	配分	检测结果	得分
		尺寸精度	表面粗糙度 *Ra* 值				
2	台阶轴套（10.5）	$\phi 62^{\ 0}_{-0.019}$ mm	1.6	超差全扣	2.5+0.5		
		$\phi 58^{\ 0}_{-0.021}$ mm	1.6	超差全扣	1.5+0.5		
		$\phi 40^{+0.021}_{\ 0}$	1.6	超差全扣	2.5+0.5		
		(38±0.1)mm		超差全扣	2		
		(18±0.05)mm		超差全扣	2		
		*C*1（1处）		超差全扣	0.5		
3	偏心套（15）	$\phi 62^{\ 0}_{-0.019}$ mm	1.6	超差全扣	2.5+0.5		
		$\phi 58^{+0.021}_{\ 0}$ mm	1.6	超差全扣	1.5+0.5		
		$\phi 40^{+0.02}_{\ 0}$ mm	1.6	超差全扣	2.5+0.5		
		(2±0.015)mm		超差全扣	4		
		(40±0.05)mm		超差全扣	2		
		20mm		超差全扣	0.5		
		*C*1(3处)		超差全扣	1.5		
4	轴向锥套（16）	$\phi 62^{\ 0}_{-0.019}$ mm	1.6	超差全扣	2.5+0.5		
		(30±0.03)mm		超差全扣	2		
		(56±0.03)mm		超差全扣	2		
		⊥ 0.015 *A*		超差全扣	2		
		⌯ 0.03 *A*		超差全扣	2		
		$\phi 30^{\ 0}_{-0.21}$ mm	1.6	超差全扣	2.5+0.5		
		6mm	1.6	超差全扣	2		
5	四件组合（23）	(92±0.1)mm		超差全扣	5		
		$6^{+0.05}_{\ 0}$ mm		超差全扣	5		
		$1^{+0.05}_{\ 0}$ mm		超差全扣	5		
		(151±0.1)mm		超差全扣	3		
		件1与件4配合 接触面积>70%		超差全扣	5		
4	安全文明生产	1. 车床安全操作规程 2. 工、夹、刀、量具放置及使用规范 3. 机床维护保养 4. 工作场地清理					
5	按时完成工件	1. 超时10min，倒扣5分 2. 超时20min，倒扣10分 3. 超时30min，不得分					
6	总配分（100分）						
工时定额		5.5h	指导教师				

【拓展训练】

（一）理论练习题

1. 选择题

（1）车细长轴时，为了减少背向力引起的工件弯曲，车刀的主偏角应选择（　　）。

A. 45°～60°　　B. 60°～70°

C. 75°～93°

（2）蜗杆粗车刀要求左右切削刃之间的夹角（　　）两倍齿形角。

A. 小于　　B. 等于

C. 大于

（3）蜗杆精车刀要求左右切削刃之间的夹角（　　）两倍齿形角。

A. 小于　　B. 等于

C. 大于

（4）精车轴向直廓蜗杆，装刀时车刀左右切削刃组成的平面应与（　　）。

A. 齿面垂直　　B. 齿面平行

C. 工件轴心线重合

（5）粗车 $3mm < m_x < 8mm$ 的蜗杆时，可采用（　　）。

A. 左右切削法　　B. 切槽法

C. 分层切削法

（6）采用开缝套筒、扇形软爪、液性塑料定心夹具等，可（　　），使夹紧力均匀分布在工件上，工件不易产生变形。

A. 减小夹紧力　　B. 增大装夹接触面积

C. 改变夹紧力方向

（7）枪孔钻的排屑方式是（　　）。

A. 外排屑　　B. 内排屑

C. 高压内排屑

（8）喷吸钻的排屑方式是（　　）。

A. 外排屑　　B. 内排屑

C. 高压内排屑

2. 简答题

在花盘角铁上加工畸形工件时，应注意哪些问题？

（二）技能练习题

1. 加工如图 14-6 所示的偏心组合件，各零件如图 14-7、图 14-8、图 14-9、图 14-10 所示。具体要求如下：

（1）时间：5.5h。

（2）各工件的尺寸精度、几何精度、表面粗糙度达到图样要求；不准使用砂布、油石等辅助加工表面；组装后达到装配图样规定的尺寸精度、几何精度及其他技术要求。

（3）正确执行国家颁布的安全生产法规和有关规定，做到工作场地整洁，工件、夹具、量具、刀具等放置合理、整齐。

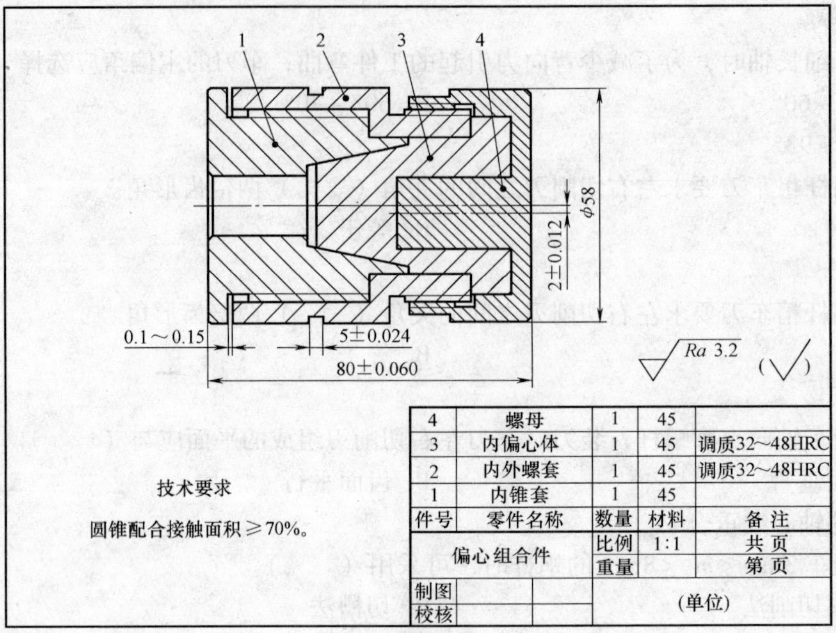

图 14-6 偏心组合件

图 14-7 内锥套

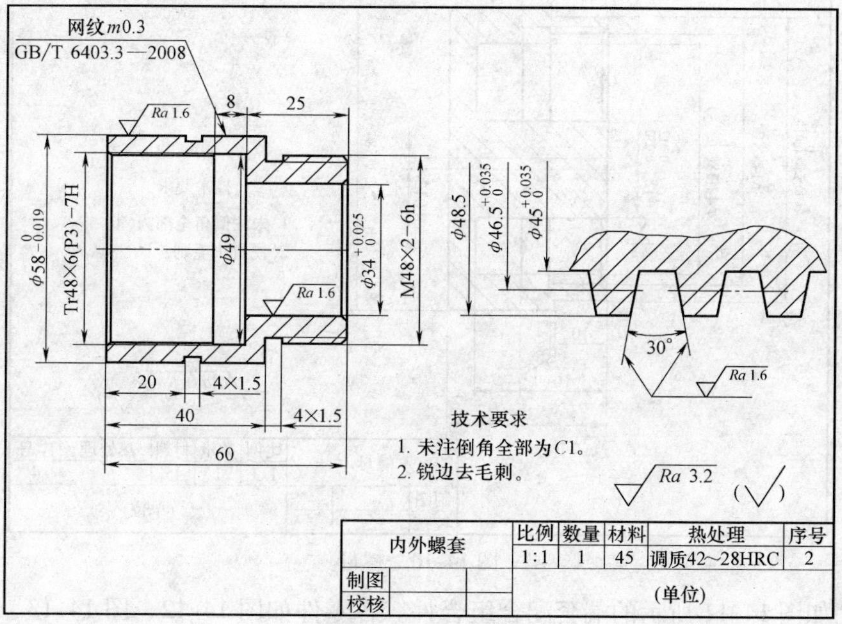

图 14-8　内外螺套

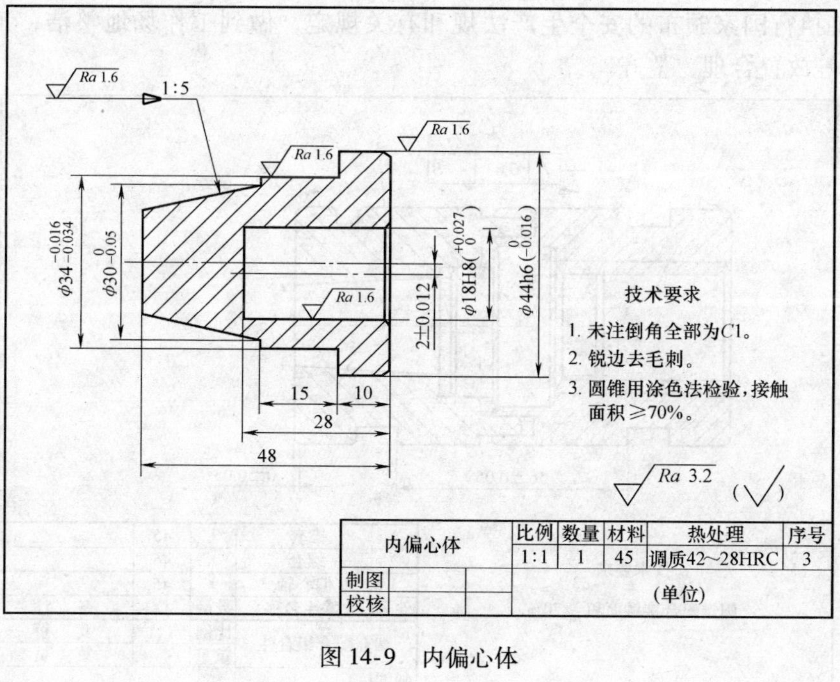

图 14-9　内偏心体

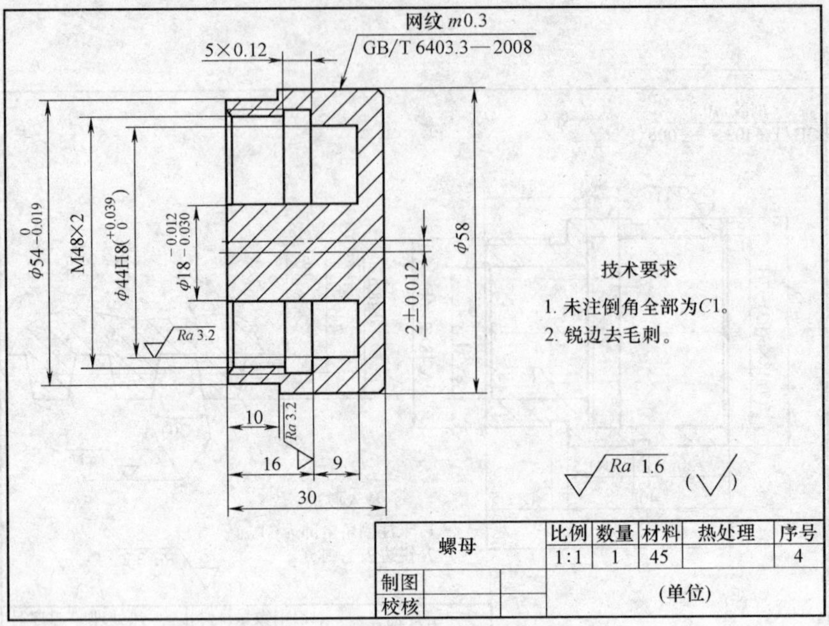

图 14-10　螺母

2. 加工如图 14-11 所示的端套配合组合件。各零件如图 14-12、图 14-13、图 14-14 所示。具体要求如下：

1）时间：5. 5h

2）各工件的尺寸精度、几何精度、表面粗糙度达到图样要求；不准使用纱布、油石等辅助加工表面；组装后达到装配图样规定的尺寸精度、几何精度及其他技术要求。

3）正确执行国家颁布的安全生产法规和有关规定，做到工作场地整洁，工件、夹具、量具、刀具等放置合理、整齐。

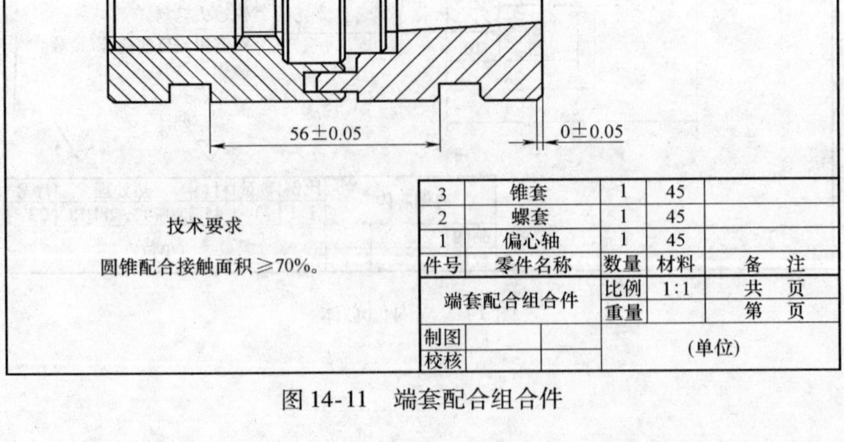

图 14-11　端套配合组合件

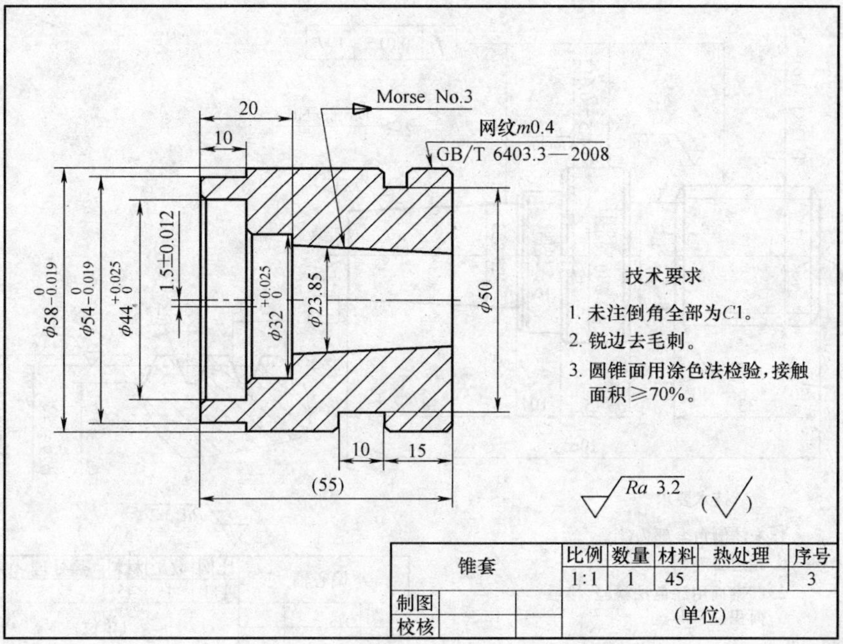

图 14-12　锥套

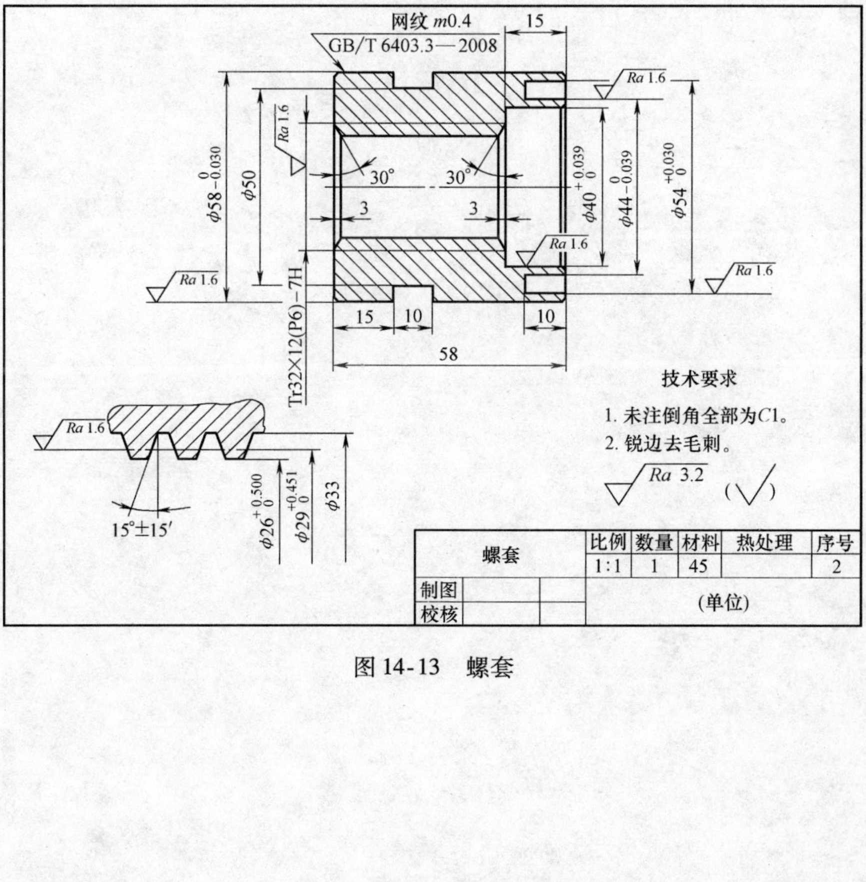

图 14-13　螺套

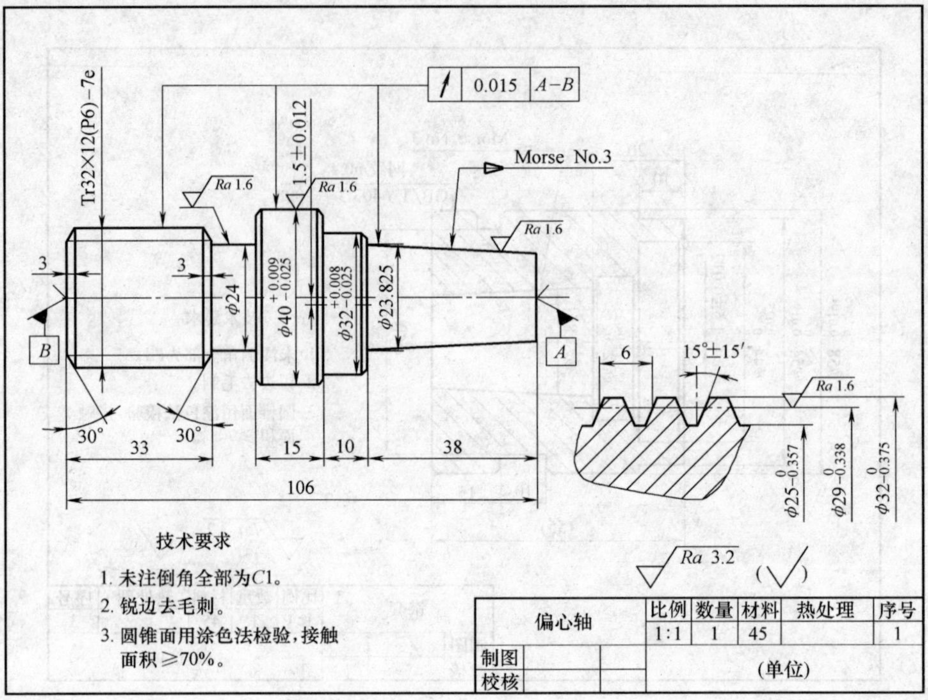

0.015 A−B
Tr32×12(P6)−7e
1.5±0.012
Morse No.3
Ra 1.6
Ra 1.6
Ra 1.6
Ra 1.6
3
3
B
A
φ24
φ40 +0.009 −0.025
φ32 +0.008 −0.025
φ23.825
30°
30°
33
15
10
38
106
6
15°±15′
φ25 0 −0.357
φ29 0 −0.338
φ32 0 −0.375
技术要求
1. 未注倒角全部为C1。
2. 锐边去毛刺。
3. 圆锥面用涂色法检验，接触面积≥70%。
Ra 3.2 (√)
偏心轴
比例 数量 材料 热处理 序号
1:1 1 45 1
制图
校核
(单位)

图 14-14　偏心轴

附　　录

附录A　拓展练习参考答案

课题一　车床的操作

1. 填空题

（1）400　（2）接通　（3）圆弧　（4）结合剂　（5）基体

2. 判断题

（1）√　（2）×　（3）×　（4）×　（5）×

课题二　常用量具

填空题

（1）尺架、砧座、测微螺杆、锁紧手柄、固定套筒、微分筒和测力装置　（2）0.01mm　（3）高度游标卡尺　（4）垂直　（5）一起

课题三　刀具的几何角度与刃磨

填空题

（1）越好　（2）0°　（3）1°~2°　（4）45°~60°　（5）较高

课题四　车削轴类零件

填空题

（1）棒料和锻件　（2）圆柱度　（3）刚性　（4）工序集中　（5）刃磨前角　（6）竹节形　（7）刚性　（8）15°~30°

课题五　车削套类零件

1. 选择题

（1）A　（2）A　（3）A　（4）B　（5）B　（6）A　（7）D　（8）B　（9）C

2. 简答题

套类零件是机械零件中精度要求较高的重要零件之一。套类零件主要加工内表面（即内孔）、外表面和端面，这些表面不仅有形状精度、尺寸精度和表面粗糙度的要求，而且相互之间还有较高的位置精度要求。因此，套类零件的技术要求包括以下几项：

1）尺寸精度、表面粗糙度和内、外形状精度要求。

2）同轴度、垂直度等几何精度要求。

课题六　车削圆锥类零件

填空题

（1）圆锥角　（2）小于3°　（3）不同　（4）转动小托板　（5）长度较长、锥度较小

课题七　车削偏心工件

填空题

（1）5　（2）远离　（3）远离　（4）1.5倍　（5）一半

课题八　车削成形面

1. 填空题

(1) 副后刀面　(2) 安装　(3) 已加工　(4) 大　(5) 较大

2. 选择题

(1) B　(2) D　(3) B　(4) C　(5) A　(6) A　(7) A　(8) C　(9) A　(10) C　(11) C　(12) C

课题九　车削螺纹

1. 选择题

(1) B　(2) A　(3) B　(4) C　(5) B　(6) B　(7) C　(8) B　(9) B

2. 简答题

车削螺纹时，由于受螺纹升角的影响，通过切削刃在加工表面选定的切削平面与基面产生变化，使延着进给方向一侧后角变小，背向进给方向一侧后角变大，因此车刀后角在刃磨时要作相应变化，$\alpha_{顺} = (3° \sim 5°) + \phi$；$\alpha_{背} = (3° \sim 5°) - \phi$。

课题十　车削蜗杆

1. 选择题

(1) B　(2) C　(3) D　(4) C　(5) C　(6) C　(7) B　(8) D　(9) A

2. 简答题

由于蜗杆牙型深度较大，车削时，为了减小切削力常采用分层切削法、左右切削法和躲刀切削法（即车槽法）。车削时，常采用开倒顺车切削，与车削梯形螺纹相似。粗车后，牙侧分别留精车余量0.2～0.4mm。由于蜗杆螺距大，齿形深、切削面积大，精车时，采用单侧面车削。通常先精车靠尾座一侧的侧面，再精车另一侧面，并控制中径尺寸或中径处齿厚。

课题十一　车削梯形螺纹组合件

1. 选择题

(1) C　(2) C　(3) B　(4) C　(5) C　(6) B　(7) A　(8) A　(9) C

2. 简答题

拟定精密丝杠机械加工工艺过程应采取的措施有：

1）毛坯应进行校直和正火处理。

2）在粗加工、半精加工后，精加工前，多次安排时效工序，消除内应力，防止或减小丝杠弯曲变形。

3）中心孔是加工时的定位基准，选用带保护锥的B型中心孔，每次热处理后，修研中心孔，保证加工质量。

4）长丝杠易变形，在装夹时采取措施防止弯曲变形，加工时采取措施减少热变形，热处理和机械加工工序间存放时防止丝杠“自重变形”。

5）螺纹经粗车、半精车和精车达到图样要求。精车时选用精度高的丝杠车床加工螺纹。

课题十二　车削多头蜗杆

1. 选择题

(1) C　(2) C　(3) B　(4) C　(5) A　(6) B　(7) B　(8) A　(9) A

2. 简答题

根据多头蜗杆的形成原理，多头蜗杆的分头方法有轴向分头法和圆周分头法两大类。轴向分头法有小滑板刻度分头法、百分表分头法、量块分头法和开合螺母结合小滑板分头法等方法；圆周分头法有交换齿轮分头法、卡盘卡爪分头法和分度盘分头法等方法。

课题十三　车削偏心组合件

1. 选择题

(1) B (2) A (3) C (4) A (5) B (6) C (7) B (8) C (9) C

2. 简答题

偏心工件的装夹方法有：有四爪单动卡盘上车偏心工件，在三爪自定心卡盘上车偏心工件，在两顶尖间车偏心工件，在双重卡盘上车偏心工件，在偏心卡盘上车偏心工件，在专用夹具上车偏心工件。各车偏心方法适用的情况为：

1）四爪单动卡盘用于车削工件数量较少，长度较短，不便于在两顶尖上装夹的偏心工件。

2）三爪自定心卡盘用于车削长度较短或数量较多的偏心工件。

3）两顶尖用于车削能在偏心轴两端面钻中心孔和偏心中心孔的偏心工件。

4）双重卡盘用于车削成批加工偏心距不大，长度较短的偏心工件。

5）偏心卡盘用于车削精度要求较高的偏心工件。

6）专用夹具用于车削偏心精度要求较高，数量较多的偏心工件。

课题十四　车削偏心、锥度、梯形螺纹组合件

1. 选择题

(1) C (2) A (3) B (4) C (5) A (6) B (7) A (8) B

2. 简答题

在花盘角铁上加工畸形工件应注意的问题有：

1）花盘平面最好在车床上精车，角铁必须经过精刮，工件的定位基准面必须经过平磨或刮研。

2）选用工件稳定可靠的表面，防止装夹变形。

3）工件装在花盘角铁上后，要进行平衡。

4）调整车床主轴、滑板等运动部位间隙。

5）切削用量不能选得很高，尤其转速不宜太高。

6）加工时，应特别注意安全。

附录B 车工技能考试模拟题及参考答案（一）

1. 考试时间：90分钟。
2. 请首先按要求在试卷的标封处填写您的姓名、准考证号和所在单位的名称。
3. 请仔细阅读各种题目的回答要求，在规定的位置填写您的答案。
4. 不要在试卷上乱写乱画，不要在标封区填写无关的内容。

	一	二	总分
得分			

得 分	
评分人	

一、单项选择（第1题~第80题。选择一个正确的答案，将相应的字母填入题内的括号中，每题1分，满分80分）

1. 被加工表面回转轴线与（　　）互相垂直，外形复杂的工件可装夹在花盘上加工。
A. 基准轴线　B. 基准面　C. 底面　D. 平面

2. 文明生产应该（　　）。
A. 车床不用每天保养　B. 千分尺可当卡规使用
C. 刃磨时应站在砂轮的正面　D. 零件毛坯与成品分开摆放整齐

3. 提高劳动成产率的措施，必须以保证产品（　　）为前提，以提高经济效率为中心。
A. 数量　B. 质量　C. 经济效益　D. 美观

4. 外圆和外圆或内孔和外圆的轴线（　　）的零件，称为偏心工件。
A. 平行　B. 重合　C. 平行而不重合　D. 垂直

5. 精车阿基米德蜗杆时，车刀左右两刃组成的平面应（　　）装刀。
A. 与轴线平行　B. 与齿面垂直　C. 与轴线倾斜　D. 与轴线等高

6. 属于甲类火灾危险品是（　　）。
A. 氢气、煤油、红磷　B. 乙炔、酒精、红磷
C. 天然气、柴油、闪光粉　D. 甲烷、汽油、硫磺

7. 生产计划是企业（　　）的依据。
A. 组织日常生产活动　B. 调配劳动力
C. 生产管理　D. 合理利用生产设备

8. 本身尺寸增大能使封闭环尺寸增大的组成环为（　　）。
A. 增环　B. 减环　C. 封闭环　D. 组成环

9. CA6140型车床与C620型车床相比，CA6140型车床具有（　　）的特点。
A. 滑板箱操纵手柄多　B. 尾座有快速夹紧机构
C. 进给箱变速杆强度差　D. 主轴孔小

10. 用2∶1的比例画10°斜角的楔块时，应该将角画成（　　）。

A. 5°　　B. 10°　　C. 20°　　D. 15°

11. 机动时间分别与切削用量成（　　），与加工余量成（　　）。

A. 正比；反比　　B. 正比；正比　　C. 反比；正比　　D. 反比；反比

12. 普通麻花钻靠外缘处前角为（　　）。

A. −54°　　B. 0°　　C. 30°　　D. 45°

13. 用三爪自定心卡盘装夹工件，当夹持部分较短时，属于（　　）定位。

A. 部分　　B. 完全　　C. 重复　　D. 欠

14. 车右旋螺纹时因受螺旋运动的影响，车刀左刃前角、右刃后角（　　）。

A. 不变　　B. 增大　　C. 减小　　D. 相等

15. 在一根轴上能实现两种不同速度交替运动的离合器是（　　）离合器。

A. 摩擦片式　　B. 超越　　C. 安全　　D. 牙嵌

16. 采用一夹一顶安装工件（夹持部分长），重复限制了（　　）个自由度。

A. 1　　B. 2　　C. 3　　D. 6

17. 当工件材料软、塑性大，应用（　　）砂轮。

A. 粗粒度　　B. 细粒度　　C. 硬粒度　　D. 软粒度

18. 两顶尖装夹车长400mm的外圆，车至300mm时，测得尾座端直径小0.03mm，若不考虑刀具磨损因素，当尾座向（　　）mm时，能够消除锥度。

A. 靠近操作者方向偏移0.02　　B. 远离操作者方向偏移0.015

C. 远离操作者方向偏移0.02　　D. 远离操作者方向偏移0.04

19. （　　）机构用来改变机床运动部件的运动方向。

A. 变速　　B. 变向　　C. 进给　　D. 操纵

20. （　　）装夹方法加工曲轴时，每次安装都要找正，其加工精度受操作者技术水平影响较大。

A. 一夹一顶　　B. 两顶尖　　C. 偏心板　　D. 专用夹具

21. 梯形螺纹测量一般是用三针测量法测量螺纹的（　　）。

A. 大径　　B. 中径　　C. 底径　　D. 小径

22. 镗削加工（　　）是主运动。

A. 镗刀旋转　　B. 镗刀移动　　C. 工件移动　　D. 镗刀进给

23. 法向直廓蜗杆在垂直于轴线的截面内齿形是（　　）。

A. 延长渐开线　　B. 渐开线　　C. 螺旋线　　D. 阿基米德螺旋线

24. 光整加工包括（　　）。

A. 精加工、珩磨、研磨、抛光　　B. 超精加工、珩磨、精镗、抛光

C. 超精加工、珩磨、研磨、抛光　　D. 超精加工、精磨、研磨、抛光

25. 车螺纹时，在每次往复行程后，除中滑板横向进给外，小滑板只向一个方向作微量进给，这种车削方法是（　　）法。

A. 直进　　B. 左右切削　　C. 斜进　　D. 车直槽

26. 已知线段是（　　）。

A. 有定形尺寸与定位尺寸齐全　　B. 有定形尺寸，定位尺寸不全

C. 只有定形尺寸而无定位尺寸　　D. 需用圆弧连接方法作出的线段

27. （　　）的功用是在车床停车过程中，使主轴迅速停止转动。

A. 制动装置　　B. 安全离合器　　C. 过载保护机构　　D. 电动机

28. 硬质合金的耐热温度为（　　）℃。

A. 300～400　　B. 500～600　　C. 800～1000　　D. 1100～1300

29. 精车花盘的平面，属于减小误差的（　　）。

A. 误差分组法　　B. 误差平均法　　C. 就地加工法　　D. 直接减小误差法

30. 机床工作时，为防止丝杠传动和机动进给同时接通而损坏机床，在滑板箱中设有（　　）。

A. 安全离合器　　B. 脱落蜗杆机构　　C. 互锁机构　　D. 开合螺母

31. 工件的（　　）个自由度全部被限制，它在夹具中只有唯一的位置，属于完全定位。

A. 三　　B. 四　　C. 五　　D. 六

32. 对夹紧装置的基本要求中，“正”是指（　　）。

A. 夹紧后，应保证工件在加工过程中的位置不发生变化

B. 夹紧时，应不破坏工件的正确定位

C. 夹紧迅速

D. 结构简单

33. 当切屑变形最大时，切屑与刀具的摩擦也最大，对刀具来说，传热不容易的区域是在（　　），其切削温度也最高。

A. 刀尖附近　　B. 前刀面　　C. 后刀面　　D. 副后刀面

34. CA6140 型卧式车床的主轴正传有（　　）级转速。

A. 21　　B. 24　　C. 12　　D. 30

35. 喷吸钻的排屑方式为（　　）。

A. 外排屑　　B. 内排屑　　C. 前排屑　　D. 后排屑

36. 切屑的内表面光滑，外表面呈毛茸状，是（　　）。

A. 带状切屑　　B. 挤裂切屑　　C. 单元切屑　　D. 粒状切屑

37. 普通螺纹的牙顶应为（　　）形。

A. 元弧　　B. 尖　　C. 削平　　D. 凹面

38. CA6140 型车床在刀架上的最大工件回转直径是（　　）mm。

A. 190　　B. 210　　C. 280　　D. 200

39. 夹具上，确定夹具相对于机床的位置的是（　　）。

A. 定位装置　　B. 夹紧装置　　C. 夹具体　　D. 组合夹具

40. 刃磨时，对刀面的要求是（　　）。

A. 切削刃锋利、平直　　B. 切削刃平直表面粗糙度小

C. 切削刃平直、光洁　　D. 刀面平整、表面粗糙度小

41. 工件以外圆为定位基准面时，常用的定位元件为（　　）。

A. V 形铁　　B. 心轴　　C. 可调支承　　D. 支承钉

42. 刀具材料的硬度、耐磨性越高，韧性（　　）。

A. 越差　　B. 越好　　C. 不变　　D. 消失

43. 沿两条或两条以上在（　　）等距分布的螺旋线所形成的螺纹称为多线螺纹。

A. 径向　B. 法向　C. 轴向　D. 圆周

44. CA6140 型车床主轴孔能通过的最大棒料直径是（　　）mm。

A. 20　B. 37　C. 62　D. 48

45. 夹紧力的方向尽量与（　　）一致。

A. 工件重力　B. 进深抗力　C. 离心力　D. 切削力

46. 一台 C620-1 车床，$P_e = 7\text{kW}$，$\eta = 0.8$，如果要在该车床上以 80m/min 的速度车削短轴，这时根据计算得切削力 $F_z = 3600\text{N}$，则切削功率为（　　）kW。

A. 4800　B. 7　C. 4.8　D. 5.6

47. 用厚度较厚的螺纹样板测量具有纵向前角的车刀的刀尖时，样板应（　　）放置。

A. 水平　B. 平行于车刀切削刃

C. 平行于工件轴线　D. 平行于车刀底平面

48. 花盘可直接装夹在车床的（　　）。

A. 卡盘　B. 主轴　C. 尾座　D. 专用夹具

49. 弹簧夹头和弹簧心轴是车床上常用的典型夹具，它能（　　）。

A. 定心　B. 定心不能夹紧　C. 夹紧　D. 定心又能夹紧

50. 用 450r/min 的转速车削 Tr50×12 内螺纹孔径时。切削速度为（　　）m/min。

A. 70.7　B. 54　C. 450　D. 50

51. 使用硬质合金可转位刀具，必须选择（　　）。

A. 合适的刀杆　B. 合适的刀片

C. 合理的刀具角度　D. 合适的切削用量

52. 零件加工后的实际几何参数与理想几何参数的符合程度称为（　　）。

A. 加工误差　B. 加工精度　C. 尺寸误差　D. 几何精度

53. 零件的加工精度包括（　　）。

A. 尺寸精度、几何精度和相互位置精度　B. 尺寸精度

C. 尺寸精度、几何精度和表面粗糙度　D. 几何精度和相互位置精度

54. 在尺寸链中，当其他尺寸确定后，新产生的一个环是（　　）。

A. 封闭环　B. 减环　C. 组成环　D. 增环

55. 采用夹具后，工件上有关表面的（　　）由夹具保证。

A. 位置精度　B. 形状精度　C. 大轮廓尺寸　D. 表面粗糙度

56. 普通车床型号中主要参数是用（　　）来表示。

A. 中心高的 1/10　B. 加工最大棒料直径

C. 最大车削直径的 1/10　D. 床身上最大工件回转直径

57. （　　）越好，允许的切削速度越高。

A. 韧性　B. 强度　C. 耐磨性　D. 红硬性

58. 在花盘上加工工件，车床主轴转速应选（　　）。

A. 较低　B. 中速　C. 较高　D. 高速

59. 车刀切削部分材料的硬度不能低于（　　）。

A. 90HRC　B. 80HRC　C. 60HRC　D. 230HBW

60. 加工两种或两种以上工件的同一夹具，称为（　　）。

A. 组合夹具　　B. 专用夹具　　C. 通用夹具　　D. 车床夹具

61. 车床主轴轴向窜动量超差，车削外圆时会产生（　　）。

A. 锥度　　B. 端面平面度超差　　C. 圆度超差　　D. 螺距精度超差

62. CA6140 型车床的主轴反转有（　　）级转速。

A. 21　　B. 24　　C. 12　　D. 30

63. 花盘、角铁的定位基准面的几何公差要小于工件几何公差的（　　）。

A. 3 倍　　B. 1/2　　C. 1/3　　D. 1/5

64. 已知米制梯形螺纹的公称直径为 40mm，螺距 $P=8$mm，牙顶间隙 $a=0.5$mm，则外螺纹牙高为（　　）mm。

A. 4.33　　B. 3.5　　C. 4.5　　D. 4

65. 刀具材料的硬度越高，耐磨性（　　）。

A. 越差　　B. 越好　　C. 不变　　D. 消失

66. 在机床上用以装夹工件的装置称为（　　）。

A. 车床夹具　　B. 专用夹具　　C. 机床夹具　　D. 通用夹具

67. 用厚度较厚的螺纹样板测具有纵向前角的车刀的刀尖时，样板应（　　）放置。

A. 平行工件轴线　　B. 平行于车刀底平面

C. 水平　　D. 平行于车刀切削刃

68. 被加工表面回转轴线与（　　）互相垂直，外形复杂的工件可装夹在花盘上加工。

A. 基准轴线　　B. 基准面　　C. 底面　　D. 平面

69. （　　）时，可避免积屑瘤的产生。

A. 车刀前角较大　　B. 中等切削速度

C. 车刀前刀面表面粗糙度较大　　D. 加大切削深度

70. CA6140 型车床主轴箱Ⅲ轴到Ⅴ轴之间的传动比实际上有（　　）种。

A. 四　　B. 六　　C. 三　　D. 五

71. 精车梯形螺纹时，为了便于左右车削，精车刀的刀头宽度应（　　）牙槽底宽。

A. 小于　　B. 等于　　C. 大于　　D. 超过

72. 高速钢车刀的（　　）较差，因此不能用于高速车削。

A. 强度　　B. 硬度　　C. 耐热性　　D. 工艺性

73. 左右车削法车削螺纹，（　　）。

A. 适用于螺距较大的螺纹　　B. 易扎刀

C. 螺纹牙型准确　　D. 牙底平整

74. 被加工表面回转轴线与基准面互相平行，外形复杂的工件可装夹在（　　）上加工。

A. 夹具　　B. 角铁　　C. 花盘　　D. 三爪自定心卡盘

75. 车阶梯槽法车削梯形螺纹（　　）。

A. 适于螺距较大的螺纹　　B. 适于精车

C. 螺纹牙型准确　　D. 牙底平整

76. 规定（　　）的磨损量 VB 作为刀具的磨损限度。

A. 上切削刃　B. 前刀面　C. 后刀面　D. 切削表面

77. 用高速钢车刀精车时，应选（　）。

A. 较大的切削速度　B. 较高的转速

C. 较低的转速　D. 较大的进给量

78. 形状复杂，精度较高的刀具应选用的材料是（　）。

A. 工具钢　B. 高速钢　C. 硬质合金　D. 碳素钢

79. 节省磨刀、换刀时间是（　）的特点。

A. 外圆车刀　B. 可转位车刀　C. 镗刀　D. 锋钢

80. 加工塑性金属材料应选用（　）硬质合金。

A. P 类　B. K 类　C. M 类　D. 以上均可

得　分	
评分人	

二、判断题（第 81 题 ~ 第 100 题。将判断结果填入括号中。正确的填“√”，错误的填“×”。每题 1 分，满分 20 分）

81. 与磨削外圆相比，磨内圆时，同等条件下磨削质量和生产率都较好。（　）

82. 弹簧夹头和弹簧心轴既能定心，又能夹紧。（　）

83. 使用机械可转位车刀可减少辅助时间。（　）

84. 遵守工艺纪律，执行技术标准，坚持按图样、按工艺、按技术标准组织生产。（　）

85. Tr30 ×6（P3）的螺旋升角计算公式为 $\tan\psi = 3/\pi D_z$。（　）

86. 车削外径 100mm，模数为 8mm 的公制蜗杆，其轴向齿厚为 4mm。（　）

87. 工时定额是工人生产单位产品所需要的时间。（　）

88. 磨削与铰削加工余量都很小，故均用做精加工。（　）

89. 绘制零件工作图时，对零件表面的各种缺陷（如砂眼等）要在图上标注出来。（　）

90. 精加工时，多用顺铣。（　）

91. 成形车刀应取较大的前角。（　）

92. 低速和高速切削塑性金属时，切削力一般随着切削速度提高而减少。（　）

93. 六点定位原理只适用于外形规则的长方体工件。（　）

94. 定位误差包括基准位移误差和基准不重合误差。（　）

95. 刀具磨损越慢，切削加工时间就越长，也就是刀具寿命越长。（　）

96. 立式车床在结构上的主要特点是主轴垂直布置。（　）

97. 变速机构可在主动轴转速改变时，使从动轴获得不同的转速。（　）

98. 中滑板丝杠螺母之间的间隙调整后，要求中滑板丝杠手柄转动灵活，正反转时的空行程在 1/2 转之内。（　）

99. 牛头刨床主要适宜加工各种小型工件的平面、沟槽。（　）

100. 车蜗杆时一定会乱扣。（　）

参考答案（一）

一、单项选择

1. B	2. D	3. B	4. C	5. A	6. B	7. C	8. A	9. B	10. B
11. C	12. C	13. D	14. B	15. B	16. B	17. A	18. C	19. B	20. A
21. B	22. A	23. A	24. C	25. C	26. A	27. A	28. C	29. C	30. C
31. D	32. B	33. A	34. B	35. B	36. A	37. C	38. B	39. C	40. D
41. A	42. A	43. C	44. D	45. D	46. C	47. D	48. B	49. D	50. B
51. D	52. B	53. C	54. A	55. A	56. C	57. D	58. A	59. C	60. C
61. B	62. C	63. B	64. C	65. B	66. C	67. B	68. B	69. A	70. C
71. A	72. C	73. A	74. B	75. A	76. C	77. C	78. B	79. B	80. A

二、判断题

81. ×	82. √	83. √	84. √	85. ×	86. ×	87. √	88. √	89. ×	90. √
91. ×	92. √	93. ×	94. √	95. √	96. √	97. ×	98. ×	99. √	100. √

附录C　车工技能考试模拟题及参考答案（二）

1. 考试时间：90分钟。
2. 请首先按要求在试卷的标封处填写您的姓名、准考证号和所在单位的名称。
3. 请仔细阅读各种题目的回答要求，在规定的位置填写您的答案。
4. 不要在试卷上乱写乱画，不要在标封区填写无关的内容。

	一	二	总分
得分			

得　分	
评分人	

一、单项选择（第1题～第80题。选择一个正确的答案，将相应的字母填入题内的括号中，每题1分，满分80分）

1. 磨削加工获得的表面粗糙度值在（　　）μm之间。

A. 6.4～12.5　B. 1.6～3.2　C. 0.8～0.2　D. 0.025以下

2. 操作者熟练掌握使用设备技能，达到“四会”，即（　　）。

A. 会使用，会修理，会保养，会检查　B. 会使用，会保养，会检查，会排除故障

C. 会使用，会修理，会检查，会排除故障　D. 会使用，会修理，会检查，会管理

3. 铣削加工时，铣刀旋转是（　　）。

A. 进给运动　B. 工作运动　C. 切削运动　D. 主运动

4. 从一批制件的加工时间来看，若平行方式为T1，平行顺序移动方式为T2，顺序移动方式为T3，则有（　　）。

A. T1＞T2＞T3　B. T1＜T2＜T3　C. T2＞T1＞T3　D. T3＞T1＞T2

5. 在普通车床上以400r/min的速度车一直径为40mm，长400mm的轴，此时采用$f=0.5$mm/r，$a_p=4$mm，车刀主偏角45°，车一刀需（　　）min。

A. 2　B. 2.02　C. 2.04　D. 1

6. 劳动生产率是指单位时间内所生产的（　　）数量。

A. 合格品　B. 产品　C. 合格品＋废品　D. 合格品－废品

7. （　　）的情况应选用较大前角。

A. 硬质合金车刀　B. 车脆性材料　C. 车刀材料强度差　D. 车塑性材料

8. 被加工表面回转轴线与基准面互相（　　），外形复杂的工件可装夹在花盘上加工。

A. 垂直　B. 平行　C. 重合　D. 一致

9. 某表面在一道工序中所切除的金属层深度为（　　）。

A. 加工余量　B. 切削深度　C. 工序余量　D. 总余量

10. 手提式泡沫灭火器适于扑救（　　）引起的火灾。

A. 油脂类石油产品　B. 木、棉、毛等物质

C. 电路设备　D. 可燃气体

11. 镗削加工时，镗刀旋转是（　　）。
A. 进给运动　B. 工作运动　C. 切削运动　D. 主运动
12. 磨削时，工作者应站在砂轮的（　　）。
A. 侧面　B. 对面　C. 前面　D. 后面
13. 一台 C620—1 车床，$P_E = 7kW$，$\eta = 0.8$，如果要在该车床上以 80m/min 的速度车削短轴，这时根据计算得切削力 $F_z = 4800N$，则这台车床（　　）。
A. 不一定能切削　B. 不能切削　C. 可以切削　D. 一定可以切削
14. 磨削加工工件的旋转是（　　）运动。
A. 工作　B. 磨削　C. 进给　D. 主
15. 选择定位基准时，粗基准可以使用（　　）。
A. 一次　B. 二次　C. 三次　D. 多次
16. “选择比列和图幅；布置图面，完成底稿；检查底稿，标注尺寸和技术要求后描深图形；填写标题栏”是绘制（　　）的步骤。
A. 零件草图　B. 零件工作图　C. 装配图　D. 标准件图
17. 零件加工后的实际几何参数与理想几何参数的符合程度称为（　　）。
A. 加工误差　B. 加工精度　C. 尺寸误差　D. 几何精度
18. 正火工序用于改善（　　）的切削性能。
A. 低碳钢与中碳钢　B. 高速钢　C. 铸锻件　D. 高碳钢
19. 精车花盘的平面，属于减小误差的（　　）。
A. 误差分组法　B. 误差平均法　C. 就地加工法　D. 直接减小误差法
20.（　　）车床结构上主要特点是主轴垂直布置，工作台台面水平布置。
A. 卧式　B. 立式　C. 回轮、转塔　D. 自动
21. 有时工件的数量并不多，但还是需要使用专用夹具，这是因为夹具能（　　）。
A. 保证加工质量　B. 扩大机床的工艺范围
C. 提高劳动生产率　D. 解决加工中的特殊困难
22. 专业夹具适用于（　　）。
A. 新品试制　B. 单件小批生产　C. 大批、大量生产　D. 一般生产
23. 用齿高卡尺测量蜗杆的法向齿厚时，应把齿高卡尺的读数调整到（　　）尺寸。
A. 齿根高　B. 全齿高　C. 齿厚　D. 齿顶高
24. 生产准备是指生产的（　　）准备工作。
A. 物质　B. 技术　C. 人员　D. 物质、技术
25. 当（　　）时，可提高刀具寿命。
A. 主偏角大　B. 材料强度高　C. 高速切削　D. 使用冷却液
26. 零件的加工精度包括（　　）。
A. 尺寸精度、几何精度　B. 尺寸精度
C. 尺寸精度、几何精度和表面粗糙度　D. 几何精度
27. 在切削金属材料时，正常磨损中最常见的情况是（　　）磨损。
A. 前刀面　B. 后刀面　C. 前、后刀面　D. 切削平面
28. 已知线段是（　　）。

A. 定形尺寸与定位尺寸齐全　　B. 有定形尺寸，定位尺寸不全
C. 只有定形尺寸而无定位尺寸　　D. 需用圆弧连接方法作出的线段

29. 车多线螺纹时，应按（　　）来计算挂轮。
A. 螺距　　B. 导程　　C. 螺纹升角　　D. 线数

30. 在 CA6140 型车床上用直联丝杠法加工精密梯形螺纹 Tr36 ×8，则计算交换齿轮的齿数为（　　）。
A. 40/60　　B. 120/80　　C. 63/75　　D. 40/30

31. 如不用切削液，切削热的（　　）传入刀具。
A. 50%～86%　　B. 10%～40%　　C. 3%～9%　　D. 1%

32. 四爪单动卡盘是（　　）夹具。
A. 通用　　B. 专用　　C. 车床　　D. 机床

33. 端面拨动顶尖是利用（　　）带动工件旋转，而工件仍以中心孔与顶尖定位。
A. 鸡心夹头　　B. 梅花顶尖　　C. 端面拨爪　　D. 端面摩擦

34. 切断刀的副偏角一般选（　　）。
A. 6°～8°　　B. 20°　　C. 1°～1.5°　　D. 45°～60°

35. CA6140 型车床与 C620 型车床相比，CA6140 型车床具有的特点是（　　）。
A. 进给箱变速杆强度差　　B. 主轴孔小
C. 滑板箱操纵手柄多　　D. 滑板箱有快速移动机构

36. 外圆和外圆或内孔和外圆的轴线（　　）的零件称为偏心工件。
A. 平行　　B. 重合　　C. 平行而不重合　　D. 垂直

37. 车刀装歪，对（　　）影响较大。
A. 车螺纹　　B. 车外圆　　C. 前角　　D. 后角

38. 数控车床加工不同零件时，只需更换（　　）即可。
A. 计算机程序　　B. 凸轮　　C. 毛坯　　D. 车刀

39. 刃磨时，对刀面的要求是（　　）。
A. 切削刃锋利　　B. 切削刃平直，表面粗糙度数值小
C. 刀面平整，表面粗糙度数值小　　D. 切削刃平直、光洁

40. 消耗的功最大的切削力是（　　）。
A. 主切削力 F_z　　B. 切深抗力 F_y　　C. 进给抗力 F_x　　D. 反作用力

41. CA6140 型机床，当进给抗力过大、刀架运动受到阻碍时，能自动停止进给运动的结构是（　　）。
A. 安全离合器　　B. 超越离合器　　C. 互锁机构　　D. 开合螺母

42. 已知米制梯形螺纹的公称直径为 40mm，螺距 $P=8$mm，牙顶间隙 $\alpha_c=0.5$mm，则外螺纹牙高为（　　）mm。
A. 4.33　　B. 3.5　　C. 4.5　　D. 4

43. 专用夹具适用于（　　）。
A. 新品试制　　B. 单件小批生产　　C. 大批、大量生产　　D. 一般生产

44. 被加工表面回转轴线与（　　）互相垂直，外形复杂的工件可装夹在花盘上加工。
A. 基准轴线　　B. 基准面　　C. 底面　　D. 平面

45. 砂轮的硬度是指磨粒的（　　）。
A. 粗细程度　B. 硬度　C. 综合力学性能　D. 脱落的难易程度
46.（　　）装夹方法加工曲轴时，每次安装都要找正，其加工精度受操作者技术水平影响较大。
A. 一夹一顶　B. 两顶尖　C. 偏心板　D. 专用夹具
47. 多片式摩擦离合器的内外摩擦片在松开状态时的间隙太大，易产生（　　）现象。
A. 闷车　B. 停不住车
C. 掉车　D. 开车手柄提不到位
48. 被加工表面回转轴线与（　　）互相垂直，外形复杂的工件可装夹在花盘上加工。
A. 基准轴线　B. 基准面　C. 底面　D. 平面
49. 高速车螺纹时，一般选用（　　）法车削。
A. 直进　B. 左右切削　C. 斜进　D. 车直槽
50. 车细长轴时，为了减小切削力和切削热，应该选择（　　）。
A. 较大的前角　B. 较小的前角　C. 较小的主偏角　D. 较大的后角
51. 加工两种或两种以上工件的同一夹具，称为（　　）。
A. 组合夹具　B. 专用夹具　C. 通用夹具　D. 车床夹具
52. CA6140 型车床主轴孔能通过的最大棒料直径是（　　）mm。
A. 20　B. 37　C. 62　D. 48
53. 普通麻花钻的特点是（　　）。
A. 棱边磨损小　B. 主切削刃长、切屑宽
C. 无横刃　D. 前角无变化
54. 普通螺纹的牙顶应为（　　）形。
A. 元弧　B. 尖　C. 削平　D. 凹面
55. 在高温下能够保持刀具材料切削性能的是（　　）。
A. 硬度　B. 耐热性　C. 耐磨性　D. 强度
56. 当主、副切削刃为直线，且 $\lambda_s = 0°$，$\kappa_r = 0°$，$\kappa_r' < 90°$，则切削层横面为（　　）。
A. 平行四边形　B. 矩形　C. 正方形　D. 长方形
57. 花盘可直接装夹在车床的（　　）上。
A. 卡盘　B. 主轴　C. 尾座　D. 专用夹具
58. 有时工件的数量并不多，但还是需要使用专用夹具，这是因为夹具能（　　）。
A. 保证加工质量　B. 扩大机床的工艺范围
C. 提高劳动生产率　D. 解决加工中的特殊困难
59. 被加工表面回转轴线与基准面互相垂直，外形复杂的工件可装夹在（　　）上加工。
A. 夹具　B. 角铁　C. 花盘　D. 三爪自定心卡盘
60. 用厚度较厚的螺纹样板测具有纵向前角的车刀的刀尖角时，样板应（　　）放置。
A. 水平　B. 平行于车刀切削刃
C. 平行于工件轴线　D. 平行于车刀底平面
61. 车床主轴轴向窜动量超差，车削外圆时会产生（　　）。

A. 锥度　　B. 端面平面度超差　　C. 圆度超差　　D. 螺距精度超差

62. CA6140 型车床能加工的最大工件直径是（　　）mm。

A. 140　　B. 200　　C. 400　　D. 500

63. 被加工材料的（　　）和金相组织对其表面粗糙度影响最大。

A. 强度　　B. 硬度　　C. 塑性　　D. 刃性

64. 普通车床型号中的主要参数用（　　）来表示的。

A. 中心高的 1/10　　B. 加工最大棒料直径

C. 最大车削直径的 1/10　　D. 床身上最大工件回转直径

65. 车刀切削部分材料的硬度不能低于（　　）。

A. 90HRC　　B. 70HRC　　C. 60HRC　　D. 230HBW

66. CA6140 型车床主轴孔能通过的最大棒料直径是（　　）mm。

A. 20　　B. 37　　C. 62　　D. 48

67. 用 450r/min 的转速车削 Tr50×12 内螺纹孔径时，切削速度为（　　）m/min。

A. 70.7　　B. 54　　C. 450　　D. 50

68. 已知米制梯形螺纹的公称直径为 36mm，螺距 $P=6$mm，则中径为（　　）mm。

A. 30　　B. 32.103　　C. 33　　D. 36

69. 测量多线蜗杆时，一般用齿轮卡尺测蜗杆的（　　），用单针测量法测量分度圆上的槽宽。

A. 槽宽　　B. 齿厚　　C. 中径　　D. 直径

70. 用厚度较厚的螺纹样板测具有纵向前角的车刀的刀尖角时，样板应（　　）放置。

A. 平行工件轴线　　B. 平行于车刀底平面

C. 水平　　D. 平行于车刀切削刃

71. 被加工表面回转轴线与基准面互相（　　），外形复杂的工件可装夹在角铁上加工。

A. 垂直　　B. 平行　　C. 重合　　D. 一致

72. 用硬质合金螺纹车刀高速车梯形螺纹时，刀尖角应为（　　）。

A. 30°　　B. 29°　　C. 29°30′　　D. 30°30′

73. CA6140 型车床的主轴反转有（　　）级转速。

A. 21　　B. 24　　C. 12　　D. 30

74. （　　）硬质合金适于加工短切屑的钢铁材料、非铁金属及非金属材料。

A. P 类　　B. K 类　　C. M 类　　D. 以上均可

75. CA6140 型车床的主轴正转有（　　）级转速。

A. 21　　B. 24　　C. 12　　D. 30

76. 规定（　　）的磨损量作为刀具的磨损限度。

A. 主切削刃　　B. 前刀面　　C. 后刀面　　D. 切削表面

77. 加工塑性金属材料应选用（　　）硬质合金。

A. P 类　　B. K 类　　C. M 类　　D. 以上均可

78. 在主截面内测量的刀具基本角度有（　　）。

A. 刃倾角　　B. 前角和刃倾角　　C. 前角和后角　　D. 主偏角

79. 左右切削法车削螺纹（　　）。

A. 适于螺距较大的螺纹　　B. 易扎刀
C. 螺纹牙型准确　　D. 牙底平整

80. CA6140 型车床主轴箱Ⅲ到Ⅴ轴之间的传动比实际上有（　　）种。
A. 四　　B. 六　　C. 三　　D. 五

得　分	
评分人	

二、**判断题**（第 81 题～第 100 题。将判断结果填入括号中。正确的填“√”，错误的填“×”。每题 1 分，满分 20 分）

81. 一般机床夹具主要由定位元件、夹紧元件、对刀元件、夹具体四部分组成。（　　）
82. 积屑瘤能部分嵌入工件已加工表面，使工件表面形成硬点与毛刺。（　　）
83. 主轴的正转、反转是由变向机构控制的。（　　）
84. 开合螺母的功能是接通或断开光杆传来的运动。（　　）
85. 生产产品越多，生产劳动率就越高。（　　）
86. 相邻两牙在中径线上的距离称为螺距。（　　）
87. 企业提高劳动生产率的目的是为了提高经济效益，因此劳动生产率与经济效益成正比。（　　）
88. 平面磨削有圆周磨削和端面磨削两种。（　　）
89. 当材料相同而切削条件不同时，收缩系数号大说明切削变形大。（　　）
90. 尺寸链封闭环的尺寸是它的各个组成环尺寸的代数和。（　　）
91. 部分定位是没有消除全部自由度的定位方式。（　　）
92. 用轴向分线法车蜗杆时，在车好一条螺旋槽之后，应把车刀沿蜗杆轴线方向移动一个导程，再车第二条槽。（　　）
93. 用七个支撑点定位一定是重复定位。（　　）
94. 单个圆柱齿轮的画法是在垂直于齿轮轴线方向的视图上不必剖开，而将齿顶圆、齿根圆和分度圆分别用粗实线、细点划线和细实线绘制。（　　）
95. 画三视图时，无论是整个物体还是物体的局部，都应遵守“长对正，高平齐，宽相等”的三等规律。（　　）
96. 生产场地应有足够的照明，每台机床应有适宜的局部照明。（　　）
97. 辅助支撑在定位支撑对工件定位后才允许参与支撑。（　　）
98. 刀具的 κ_r、κ_r' 较小时，工件表面粗糙度小。（　　）
99. 使用扇形软卡爪，可减小薄壁工件的变形。（　　）
100. 质量手册是质量体系的纲领性文件。（　　）

参考答案（二）

一、单项选择题

1. C	2. B	3. D	4. B	5. A	6. A	7. D	8. A	9. C	10. A
11. D	12. A	13. B	14. C	15. A	16. B	17. B	18. C	19. C	20. B
21. D	22. C	23. D	24. D	25. D	26. C	27. B	28. A	29. B	30. A

31. C	32. A	33. C	34. C	35. D	36. C	37. A	38. A	39. C	40. A
41. A	42. C	43. C	44. B	45. D	46. A	47. A	48. B	49. A	50. A
51. C	52. D	53. B	54. C	55. B	56. A	57. B	58. D	59. C	60. D
61. B	62. C	63. C	64. C	65. C	66. D	67. B	68. C	69. B	70. B
71. B	72. C	73. C	74. B	75. B	76. C	77. A	78. C	79. A	80. C

二、判断题

81. √	82. √	83. √	84. ×	85. ×	86. √	87. ×	88. √	89. √	90. √
91. √	92. ×	93. ×	94. ×	95. √	96. √	97. √	98. √	99. √	100. √

附录D　车工国家职业标准

一、职业概况

车工是指操作车床，进行工件旋转表面切削加工的人员。

车工职业共设五个等级，分别为：初级（国家职业资格五级）、中级（国家职业资格四级）、高级（国家职业资格三级）、技师（国家职业资格二级）、高级技师（国家职业资格一级）。

1. 培训期限

全日制职业学校教育的培训期限，根据其培养目标和教学计划确定。晋级培训期限：初级不少于500标准学时；中级不少于400标准学时；高级不少于300标准学时；技师不少于300标准学时；高级技师不少于200标准学时。

2. 培训教师

培训初、中、高级车工的教师应具有本职业技师以上职业资格证书或相关专业中级以上专业技术职务任职资格；培训技师的教师应具有本职业高级技师职业资格证书或相关专业高级专业技术职务任职资格；培训高级技师的教师应具有本职业高级技师职业资格证书2年以上或相关专业高级专业技术职务任职资格。

3. 培训场地设备

满足教学需要的标准教室，并具有车床及必要的刀具、夹具、量具和车床辅助设备等。

4. 申报条件

——初级（具备以下条件之一者）

（1）经本职业初级正规培训达规定标准学时数，并取得毕（结）业证书。

（2）在本职业连续见习工作2年以上。

（3）本职业学徒期满。

——中级（具备以下条件之一者）

（1）取得本职业初级职业资格证书后，连续从事本职业工作3年以上，经本职业中级正规培训达规定标准学时数，并取得毕（结）业证书。

（2）取得本职业初级职业资格证书后，连续从事本职业工作5年以上。

（3）连续从事本职业工作7年以上。

（4）取得经劳动保障行政部门审核认定的、以中级技能为培养目标的中等以上职业学校本职业（专业）毕业证书。

——高级（具备以下条件之一者）

（1）取得本职业中级职业资格证书后，连续从事本职业工作4年以上，经本职业高级正规培训达规定标准学时数，并取得毕（结）业证书。

（2）取得本职业中级职业资格证书后，连续从事本职业工作7年以上。

（3）取得高级技工学校或经劳动保障行政部门审核认定的、以高级技能为培养目标的高等职业学校本职业（专业）毕业证书。

（4）取得本职业中级职业资格证书的大专以上本专业或相关专业毕业生，连续从事本职业工作2年以上。

——技师（具备以下条件之一者）

（1）取得本职业高级职业资格证书后，连续从事本职业工作5年以上，经本职业技师正规培训达规定标准学时数，并取得毕（结）业证书。

（2）取得本职业高级职业资格证书后，连续从事本职业工作8年以上。

（3）取得本职业高级职业资格证书的高级技工学校本职业（专业）毕业生和大专以上本专业或相关专业毕业生，连续从事本职业工作满2年。

——高级技师（具备以下条件之一者）

（1）取得本职业技师职业资格证书后，连续从事本职业工作3年以上，经本职业高级技师正规培训达规定标准学时数，并取得毕（结）业证书。

（2）取得本职业技师职业资格证书后，连续从事本职业工作5年以上。

5. 鉴定方式

分为理论知识考试和技能操作考核。理论知识考试采用闭卷笔试方式，技能操作考核采用现场实际操作方式。理论知识考试和技能操作考核均实行百分制，成绩皆达60分以上者为合格。技师、高级技师鉴定还须进行综合评审。

6. 考评人员与考生配比

理论知识考试考评人员与考生配比为1∶15，每个标准教室不少于2名考评人员；技能操作考核考评员与考生配比为1∶5，且不少于3名考评员。

7. 鉴定时间

理论知识考试时间不少于120min；技能操作考核时间为：初级不少于240min，中级不少于300min，高级不少于360min，技师不少于420min，高级技师不少于240min，论文答辩时间不少于45min。

8. 鉴定场所设备

理论知识考试在标准教室里进行；技能操作考核在配备必要的车床、工具、夹具、刀具、量具、量仪，以及机床附件的场所进行。

二、基本要求

1. 职业守则

（1）遵守法律、法规和有关规定。

（2）爱岗敬业、具有高度的责任心。

（3）严格执行工作程序、工作规范、工艺文件和安全操作规程。

（4）工作认真负责，团结合作。

（5）爱护设备及工具、夹具、刀具、量具。

（6）着装整洁，符合规定；保持工作环境清洁有序，文明生产。

2. 基础知识

（1）基础理论知识

1）识图知识。

2）公差与配合。

3）常用金属材料及热处理知识。

4）常用非金属材料知识。

（2）机械加工基础知识

1）机械传动知识。
2）机械加工常用设备知识（分类、用途）。
3）金属切削常用刀具知识。
4）典型零件（主轴、箱体、齿轮等）的加工工艺。
5）设备润滑及切削液的使用知识。
6）工具、夹具、量具使用与维护知识。
（3）钳工基础知识
1）划线知识。
2）钳工操作知识（錾、锉、锯、钻、绞孔、攻螺纹、套螺纹）。
（4）电工知识
1）通用设备常用电器的种类及用途。
2）电力拖动及控制原理基础知识。
3）安全用电知识。
（5）安全文明生产与环境保护知识
1）现场文明生产要求。
2）安全操作与劳动保护知识。
3）环境保护知识。
（6）质量管理知识
1）企业的质量方针。
2）岗位的质量要求。
3）岗位的质量保证措施与责任。
（7）相关法律、法规知识
1）劳动法相关知识。
2）合同法相关知识。
3. 工作要求

初级、中级、高级、技师、高级技师的技能要求依次递进，高级别包括低级别的要求。在“工作内容”栏内未标注“普通车床”或“数控车床”的，均为两者通用（数控车工从中级工开始，至技师止），这里仅列出中级工相关要求供参考见附表 D-1。

附表 D-1　车工（中级）相关要求

职业功能	工作内容	技能要求	相关知识
一、工艺准备	（一）读图与绘图	1. 能读懂主轴、蜗杆、丝杠、偏心轴、两拐曲轴、齿轮等中等复杂程度的零件工作图 2. 能绘制轴、套、螺钉、圆锥体等简单零件的工作图 3. 能读懂车床主轴、刀架、尾座等简单机构的装配图	1. 复杂零件的表达方法 2. 简单零件工作图的画法 3. 简单机构装配图的画法